Payel Ghosh
Salil K. Gupta

Doenças das Plantas Medicinais, Aromáticas e de Bebidas e sua Gestão

Payel Ghosh
Salil K. Gupta

Doenças das Plantas Medicinais, Aromáticas e de Bebidas e sua Gestão

ScienciaScripts

Imprint

Any brand names and product names mentioned in this book are subject to trademark, brand or patent protection and are trademarks or registered trademarks of their respective holders. The use of brand names, product names, common names, trade names, product descriptions etc. even without a particular marking in this work is in no way to be construed to mean that such names may be regarded as unrestricted in respect of trademark and brand protection legislation and could thus be used by anyone.

Cover image: www.ingimage.com

This book is a translation from the original published under ISBN 978-620-8-42015-4.

Publisher:
Sciencia Scripts
is a trademark of
Dodo Books Indian Ocean Ltd. and OmniScriptum S.R.L publishing group

120 High Road, East Finchley, London, N2 9ED, United Kingdom
Str. Armeneasca 28/1, office 1, Chisinau MD-2012, Republic of Moldova, Europe
Managing Directors: Ieva Konstantinova, Victoria Ursu
info@omniscriptum.com

Printed at: see last page
ISBN: 978-620-3-28561-1

Copyright © Payel Ghosh, Salil K. Gupta
Copyright © 2025 Dodo Books Indian Ocean Ltd. and OmniScriptum S.R.L publishing group

Payel Ghosh

Salil K. Gupta

Doenças das Plantas Medicinais, Aromáticas e de Bebidas e sua Gestão

LAP LAMBERT Academic Publishing

Impressão:

Imagem da capa:

Editora:

Direitos de autor: Payel Ghosh, Salil K. Gupta

Direitos de autor: 2024

Tendo em conta as múltiplas utilizações das plantas medicinais, aromáticas e para bebidas (MAB) para fins terapêuticos, bem como para a preparação de vários outros produtos, como nutracêuticos, produtos de higiene, cosméticos, corantes, aromatizantes e corantes, fitopesticidas, etc., a importância destas plantas está a aumentar, assim como o seu cultivo. Este facto está a suscitar problemas relacionados com a ocorrência de diferentes doenças que danificam as plantas e reduzem o rendimento, bem como a produção de fitoquímicos para utilizações terapêuticas. Embora existam publicações que documentam as doenças e a sua gestão, estas encontram-se dispersas, inacessíveis a muitos dos trabalhadores e não abrangem muitas das doenças. Parece haver uma área de lacuna e foi feita uma tentativa humilde neste livro para reunir a informação disponível sobre todas as doenças e a sua gestão.

Este livro inclui doenças de 76 plantas MAB, tratando de 108 espécies de fungos, 9 de bactérias, 5 de vírus, 6 de fitoplasma e 1 de alga. Para além de mencionar as espécies de agentes patogénicos em causa, este livro inclui os sintomas das doenças e a sua gestão. O capítulo seguinte discute as doenças patogénicas das plantas MAB. Inclui-se também uma lista de pesticidas químicos e bio-agentes para o controlo das doenças das plantas MAB, o âmbito futuro dos trabalhos e uma lista exaustiva de referências, bem como fotografias dos sintomas dos danos. Espera-se que este livro forneça informações resumidas sobre as doenças das plantas MAB numa única capa e que seja considerado muito valioso para futuros trabalhadores.

Payel Ghosh

dezembro de 2024 Salil K. Gupta

Doenças das Plantas Medicinais, Aromáticas e de Bebidas e sua Gestão

Conteúdo

INTRODUÇÃO

The Medicinal, Aromatic and Beverage (MAB) plants are of enormous importance globally because of their manifold uses not only for preparation of Ayurvedic, Siddhai, Unani medicines which are being used since, ancient time in India but also for preparation of nutraceuticals, health supplements, homeopathic medicines (Belladonna Nux Vomica, Rhustox, etc.)e medicamentos alopáticos (Taxol para o cancro da mama, Berberina para o cancro do útero, Morfina para o alívio da dor, Quinina para a antimalária, Cafeína para estimulante, Gossipol para contracetivo masculino, Reserpina para a hipertensão, Verblastina para o anticancerígeno, Filantina para a anemia, Withanol para o rejuvenescimento), produtos de higiene pessoal, cosméticos, fitopesticidas, nas indústrias de fragrâncias e perfumaria e como fitoquímicos (Isman,2000; Nagpal e Karki, 2004; Yaniv e Bacharach,2005; Kumar,2014; Gahukar,2018; Kumar *et al.*, 2022). De acordo com um sítio Web, estima-se que o mercado global de plantas medicinais e aromáticas e seus produtos ronde os 60 mil milhões de dólares em 2020, com uma taxa de crescimento de 15% ao ano. É provável que o mercado mundial de plantas medicinais cresça de 84,82 mil milhões de dólares em 2023 para\$ 3 biliões em 2050 (https://doi.org/10.1051/e3sconf/202016409025). O mercado de exportação é maioritariamente dominado por países asiáticos (China, Japão, Coreia, Índia e outros) e europeus (Bulgária, Espanha, Itália, Polónia, Turquia e outros). Devido à múltipla importância global das plantas medicinais, aromáticas e para bebidas (MAB) para satisfazer a procura crescente, o cultivo de plantas MAB está a ganhar ímpeto, o que, por sua vez, está a provocar vários problemas de pragas e doenças. Estes estão a tornar-se sérios obstáculos ao crescimento deste sector, especialmente na Índia.

Embora vários investigadores tenham efectuado alguns trabalhos para documentar as doenças destas plantas, todos se encontram bastante dispersos e inacessíveis à maioria dos trabalhadores. Tendo este ponto em vista, foi feita uma tentativa neste livro para documentar a maioria das doenças que ocorrem nas plantas medicinais, aromáticas e de bebidas (MAB) no que diz respeito aos nomes das doenças, organismos causais, sintomas da doença, gestão, etc. Como tal, 76 plantas MAB foram incluídas neste livro, discutindo as diferentes doenças causadas por fungos, bactérias, vírus, micoplasmas, etc. e a sua gestão ecológica. Neste livro, há dois capítulos principais que discutem 1. Doenças das plantas e 2. Doenças relacionadas com os agentes patogénicos. Para além destes, também fornece uma lista de pesticidas químicos e bio-agentes para o controlo de doenças em plantas MAB. Além disso, foi feita uma discussão sobre o futuro do âmbito do trabalho. As referências relevantes do sítio e algumas fotografias dos sintomas das doenças foram também anexadas. Este é o primeiro livro do seu género e espera-se que seja amplamente apreciado por todos.

MATERIAL E MÉTODOS

O presente livro intitula-se: **Diseases of Medicinal, Aromatic and Beverage Plants and Management,** é uma compilação de informações disponíveis recolhidas da literatura publicada por diferentes autores da Índia e do estrangeiro e alguns desses autores são Chandra, 1957; Rao, 1962; Chavan e Patil *et al.*, 1972; Chakravarthi e Gupta, 1975; Alam *et al.*, 1983; Isman, 2000; Lee *et al.*, 2000; Nagpal e Karki, 2004; Kalra *et al*, 2005; Yaniv e Bacharach, 2005; Zimowska, 2008; Barguil *et al.*, 2009; Taba *et al.*, 2009; Scot, 2011; Garibaldi *et al.*, 2013; Maiti e Geetha, 2013; Parashurama e Shivanna, 2013; Chandel, 2014; DMAPR, 2014; Anupam e Jha 2014; Bhagat *et al*, 2014; Ingle *et al.*, 2014; Kumar, 2014; Aktaruzzaman *et al.*, 2015; Abhinav *et al.*, 2017; Gahukar,2018; Marimuthu *et al.*, 2018; Avan, 2021; Kumar *et al.*, 2022. Na medida do possível, foi consultada uma lista pormenorizada de referências apresentada no final. Além disso, as informações de diferentes sítios Web, tais como: https://crops.extension.iastate.edu/charcoal-rot [Acedido em: 22 de fevereiro de 2022]; https://cropwatch.unl.edu/plantdisease/corn/fusariumroot-rot [Acedido em: 22 de fevereiro de 2022]; https://www.apnikheti.com/en/pn/agriculture/horticulture/medicinal-plants/sweet-flag [Acedido em: 22 de fevereiro de 2022]; https://www.crocus.co.uk/pestsanddiseases/_/top12/Fungal%20leaf%20spot/ArticleID.1170 [Acedido em: 22 de fevereiro de 2022]; https://www.ctahr.hawaii.edu/noni/algal.asp [Acedido em: 22 de fevereiro de 2022]; https://www.gardeningknowhow.com/ornamental/flowers/hibiscus/hibiscus-has-white-fungus.htm.; https://www.pesticideinfo.org/ (01/03/2021); https://www.planetnatural.com/pest-problem-solver/plant-disease/fusarium-wilt/ [Acedido em: 22 de fevereiro de 2022]; https://www.researchgate.net/publication/324567674, também serviram de base a este livro. Além disso, os actuais autores também realizaram estudos 2022-2024 sobre este aspeto, os quais também foram incluídos neste livro. As fotografias de sintomas de doenças de plantas MAB apresentadas no final do livro foram parcialmente emprestadas de diferentes sítios Web, indicando a fonte em cada caso, bem como as fotografias tiradas pelo autor sénior.

DOENÇAS DAS PLANTAS MEDICINAIS, AROMÁTICAS E DE BEBIDAS E SUA GESTÃO

I. DISCUSSÃO SOBRE AS DOENÇAS DAS PLANTAS:

1. **PLANTA:** *Acorus calamus* L.

   Família: Acoraceae

   1.1 DOENÇA: Bacteriose das folhas

   ORGANISMO CAUSAL: *Xanthomonas campestris* P.V.O. *oryzae*

   SINTOMAS:

   Aparecimento de lesões ao longo das nervuras e lesões amareladas nas lâminas foliares. Estes sintomas aparecem durante a fase de perfilhamento e aumentam com o crescimento da planta. As plantas e as folhas tornam-se amarelas, o que leva ao fracasso da colheita. Esta doença é comum em climas quentes e húmidos (Vanitha S & Kandaswami,1998; Sweta & Sundararaj,2022).

   GESTÃO:

   Sugere-se a aplicação de mistura de bordeaux, mistura de cobre e sabão, fungicidas de cobre e mercúrio, oxicloreto de cobre e solução de estreptomicina (Vanitha S & Kandaswami,1998). A cloração da água de irrigação com pó de branqueamento estável (Sweta & Sundararaj,2022) também será boa.

   1.2 DOENÇA: Podridão basal

   ORGANISMO CAUSAL: *Sclerotium rolfsii* Sacc. [=Atheliabrolfsii (Curzi) C.C.Tu & Kimbr.]

   SINTOMAS:

   O agente patogénico ataca a parte basal das folhas e, gradualmente, espalha-se para toda a folha. O rizoma da parte infetada começa a apodrecer. Em alguns casos, os esclerócios do agente patogénico cobrem a base da folha e o solo adjacente. A doença é mais prevalente durante a humidade elevada e a alta temperatura (Mondal *et al.*,2018).

   GESTÃO:

A cloração da água de irrigação com pó branqueador estável (Sweta & Sundararaj,2022) revelar-se-á eficaz.

1.3 DOENÇA: Ferrugem da folha ou antracnose (Singh e Mondal, 2016)

ORGANISMO CAUSAL: *Colletotrichum gloeosporioides* Penz & Sacc.

SINTOMAS:

Esta foi considerada uma doença comum observada durante janeiro-fevereiro de 2023, em que os sintomas de queimadura aparecem e são mais na direção da parte apical da folha. Essas manchas espalham-se gradualmente em direção à parte basal da folha. Em direção à margem da folha, aparecem manchas acastanhadas redondas ou ovais. As folhas infectadas murcham gradualmente da ponta para baixo (Mondal *et al.,*2018; observação pessoal dos autores).

GESTÃO:

O tratamento das sementes com tirame à taxa de 2 kg/ha ou zineb 2,5 kg/ha permite controlar esta doença.

1.4 DOENÇA: Mancha da folha

ORGANISMO CAUSAL: *Passalora acori* (J.M. Yen) U. Barun & Crous [=Cercospora *acori* J.M. Yen]

SINTOMAS:

Aparecem lesões necróticas de cor castanha escura a preta, rodeadas por uma mancha amarela com um centro cinzento claro. Os micélios brancos estavam presentes na folha. As condições favoráveis para o aparecimento dos sintomas são temperaturas moderadas a baixas (Mondal *et al.,* 2018).

GESTÃO

A aplicação de mancozebe e carbendazim são medidas sugeridas.

1.5 DOENÇA: Mancha da folha

ORGANISMO CAUSAL: Agente patogénico não identificado

SINTOMAS:

Aparecimento de manchas descoloridas nas folhas (ApniKheti. Sweet Flag 2022; Sweta & Sundararaj,2022).

GESTÃO

Sugere-se o uso de Captan@ 1g e clorpirifos @20ml/10L (ApniKheti. Sweet Flag,2022).

1.6 DOENÇA: Ferrugem da ponta da folha

ORGANISMO CAUSAL: Desconhecido

SINTOMAS:

Inicialmente, aparecem manchas castanhas e pretas na ponta da folha, que se espalham gradualmente para a parte inferior da folha (Paul & Dasgupta, 2014) e as manchas coalescem. A folha começa a secar a partir da margem e do topo e, em caso de infestação grave, toda a folha fica danificada (Mondal *et al.,* 2018).

GESTÃO:

A aplicação de carbendazim 50Wp @0,1% por 3 vezes com um intervalo de 15 dias com o aparecimento da doença (Mondal *et al.,*2018) revelar-se-á eficaz.

1.7 DOENÇA: Ferrugem

ORGANISMO CAUSAL: *Uromyces acori* [T.S. Ramakrishnan & Rangaswami] (Singh e Mondal,2016)

SINTOMAS:

Aparecem pústulas castanhas avermelhadas em ambas as superfícies da folha. Mais tarde, aparecem pústulas castanhas na periferia. No centro, aparecem manchas elevadas de cor castanha a preta. Na fase avançada, aparecem pústulas amarelas a castanhas. No caule, os tecidos afectados apresentam necrose, seguida da morte das plantas (Rangaswami,1948; Mondal *et al.,*2018; Sweta & Sundararaj,2022).

GESTÃO

Carbendazim 50WP @ 500g/Ra ou triciclozole 75 WP@ 500g/Ra serão eficazes. No controlo cultural, o saneamento das culturas e a prevenção da utilização de azoto em excesso revelar-se-ão eficazes (TNAU Agritech Portal,2022). A aplicação no solo e a pulverização foliar com a formulação líquida TNAU Pf 1 serão eficazes (Chavan &

Patil,1972; Pande & Rao,1998; TNAU Agritech Portal. Diseases of Paddy,2022).

2. PLANTA: *Adhatoda vasica* (L.) Nees.

Família: Acanthaceae

2.1 DOENÇAS: Alternaria blight e ferrugem (Yadav & Sharma,2006; Ragi *et al.*,2013)

ORGANISMO CAUSAL: *Puccinia thwaitesii* (Ragi *et al.*,2013)

SINTOMAS:

No caso da doença, os sintomas aparecem sob a forma de manchas castanhas distribuídas em toda a lâmina foliar, que aumentam de tamanho com o passar do tempo. Gradualmente, estas manchas tornam-se castanhas por coalescência das manchas. Em casos graves, a cabeça e as sementes também são afectadas (Yadav & Sharma,2006; Sweta & Sundararaj,2022).

GESTÃO:

Alguns bioagentes, como *Trichoderma harzianum, T. viride, T. pseudokoningii, T. koningii, Aspergillus niger* e *A. flavus*, proporcionaram um bom controlo, uma vez que reduzem o crescimento de *Alternaria* (Ragi *et al.*, 2013).

2.2 DOENÇA: Antracnose (Manisha & Kareppa,2010)

ORGANISMO CAUSAL: *Colletotrichum capsici*

SINTOMAS:

Os sintomas incluíam manchas foliares em expansão com centros escuros. A expansão da mancha alvo com o aparecimento de anéis concêntricos aparece nas lesões, que se tornam mais proeminentes com o passar do tempo. Normalmente, os frutos e os caules não são afectados pela infeção da doença e as folhas das copas inferiores (The Noni Website,2022; Sweta & Sundararaj,2022).

GESTÃO:

O tratamento de sementes com thiram à taxa de 2kg/ha ou zineb 2,5kg/ha deu bons resultados para o seu controlo. A manutenção do saneamento do campo é muito importante e todas as folhas doentes devem ser removidas. Sugere-se também a manutenção de um bom sistema de drenagem, a adoção de um programa de monda frequente e a minimização da irrigação por aspersão. Os outros métodos de controlo incluem a aplicação de *Bacillus subtilis, Pseudomonas fluorescens*. Os extractos de folhas de Datura, Neem, Tulsi, *Vinca rosea* também proporcionaram um controlo eficaz. Foi possível obter um controlo de 60% (Chaisemsaeng *et al.*,2013) através da aplicação de *Colletotrichum capsica*, que inibe o crescimento micelial. O óleo essencial de *Nigella sativa* também mostrou atividade antimicrobiana (TNAU Agritech Portal,2022).

2.3 DOENÇAS: Necrose da folha (Gautam *et al.*,2013; Verma *et al.*,2007)

ORGANISMO CAUSAL: *Colletotrichum gloeosporioides*

SINTOMAS:

Aparecimento de manchas redondas de cor castanha clara nas folhas, que mais tarde adquiriram uma forma irregular e que se juntaram para formar uma mancha. Posteriormente, as manchas tornam-se castanho-escuras a enegrecidas e espalham-se por toda a lâmina foliar. Em caso de infestação grave, dá-se a desfoliação (Verma *et al.*,2007). Nalguns casos, a frutificação dos corpos fúngicos aparece no meio das manchas (Crocus. Fungal Leaf spot,2022; Sweta & Sundararaj,2022).

GESTÃO:

A aplicação de benomyl 0,1% ou mancozeb 0,2% ou carbendazim 0,1% será eficaz (TNAU Agritech Portal,2022).

2.4 DOENÇAS: Ferrugem da folha (Manisha & Kareppa,2010)

ORGANISMO CAUSAL: *Aecidium adhatodae*

SINTOMAS:

Os sintomas comuns incluem a produção de pústulas circulares ou elípticas mais pequenas do que as produzidas pela ferrugem do caule. Estas não coalescem, mas contêm uma massa de urediósporos cor de laranja. Estes sintomas aparecem na superfície superior das folhas. Os restolhos actuam como locais de sobrevivência ou actuam como culturas voluntárias (TNAU Agritech Portal,2022).

GESTÃO:

A pulverização de Zineb 2,5kg/ha ou propiconazole @0,1% pode ser usada para controlo (TNAU Agritech Portal,2022). A aplicação de doses excessivas de fertilizantes azotados deve ser evitada.

2.5 DOENÇAS: Mancha da folha

ORGANISMO CAUSAL: *Septoria adhatodae*

SINTOMAS:

O agente patogénico produz manchas irregulares de cor castanha escura, com 5-10 mm de diâmetro cada. As manchas aparecem em ambas as superfícies da folha. Mais tarde, as manchas coalescem e espalham-se entre as folhas. As manchas maduras parecem centros de cor cinza (Sharma *et al.,*2018).

GESTÃO:

Pode ser aplicado carbendazime 50WP (0,1%).

2.6 DOENÇAS: Mancha da folha

ORGANISMO CAUSAL: *Rhizoctonia solani* (Gautam *et al.*,2013; Verma *et al.*,2007)

SINTOMAS:

Os sintomas são mais ou menos os mesmos que os mencionados para a doença necrótica das folhas (*Colletotrichum gloeosporioides*).

GESTÃO:

A aplicação de benomyl 0,1% ou mancozeb 0,2% ou carbendazim 0,1% será eficaz (TNAU Agritech Portal, 2022).

2.7 DOENÇA: Mancha da folha

ORGANISMO CAUSAL: *Alternaria alternata*

SINTOMAS:

Os sintomas incluem manchas minúsculas, circulares, castanhas claras que, mais tarde, se tornam irregulares ou castanhas com a coalescência de manchas. Na totalidade, as manchas desenvolvidas parecem manchas castanhas escuras encharcadas de água na lâmina foliar. Em caso de infestação intensa, pode ocorrer desfoliação (Verma *et al.*,2007; Sweta & Sundararaj,2022).

GESTÃO:

A aplicação de benomyl 0,1% ou mancozeb 0,2% ou carbendazim 0,1% será eficaz (TNAU Agritech Portal,2022).

2.8 DOENÇA: Murchidão

ORGANISMO CAUSAL: *Fusarium oxysporum*

SINTOMAS:

As folhas murcham, não ficam amarelas mas permanecem verdes. Posteriormente, podem tornar-se castanhas escuras. Ocorre clorose e a planta morre (ApniKheti. Safed Musli,2022; Sweta & Sundararaj,2022).

GESTÃO:

A aplicação de mycostop (1-2gm/100 pés quadrados), a remoção de toda a planta doente, se necessário, e a solarização do solo podem ser praticadas para a sua gestão (Planet Natural Research Center. Fusarium Wilt,2022). Evitar a aplicação de fertilizantes azotados, monda regular com herbicida natural.

3. PLANTAS: *Aloe vera* L. (=Aloe *barbadensis* Mill.)

Família: Asphodelaceae

3.1 DOENÇA: Mancha foliar de Alternaria

ORGANISMOS CAUSAIS: *Alternaria alternata, A. brassicae*

SINTOMAS:

O aparecimento de pequenas manchas necróticas circulares ou ovais afundadas nas folhas são os sintomas comuns que secam permanentemente (Sharma *et al.*,2018) ou o aparecimento de manchas circulares castanhas escuras nas folhas infectadas (Xiaoyin,1982; Kumar *et al.*,1984; Kishore *et al.*,1985; Kalra *et al.*,2005; Taba *et al.*,2009; Garibaldi *et al.*,2011; Zimowska,2015; Avan. M,2021). Também se observa o aparecimento de manchas castanhas arredondadas e manchas afundadas ao longo de toda a parte apical da folha, tanto marginalmente como centralmente. A parte apical da folha torna-se abruptamente estreita como um fio acastanhado e, em muitos casos, a folha murcha gradualmente. Isto foi observado durante quase todo o ano, mas foi um pouco menos durante a estação das chuvas (observação pessoal dos autores).

GESTÃO:

Mancozeb-45 à taxa de 0,25% (Sharma *et al.*,2018), mancozeb+ propiconazole (DMAPR,2012), benomyl, mancozeb, carbendazim (Singh,2006). São sugeridas medidas como *Trichoderma viride* (Chauhan e Ravi,2020), extrato de neem (Guleria e Kumar,2006).

3.2 DOENÇAS: Antracnose

ORGANISMO CAUSAL: *Colletotrichum gloeosporioides*

SINTOMAS:

Os sintomas iniciais são o aparecimento de lesões verdes redondas encharcadas de água com uma cor castanha clara no centro. Mais tarde, as lesões tornam-se castanho-avermelhadas ou castanhas e, subsequentemente, as manchas coalescem para formar uma área necrótica. A doença é mais prevalente durante a estação húmida do verão. Espalha-se no campo por salpicos de água (Sharma *et al.*, 2018). Sattar *et al.*, 2002; Singh *et al.*, 2004; Ayvar-Serna *et al.*, 2020; Avan. M, 2021 também relataram sintomas de doença semelhantes.

GESTÃO:

Podem ser sugeridos fungicidas adequados como o carbendazim (Prakash,2012), o mancozebe ou a mistura de bordeaux (Mondal *et al.*,2018).

3.3 DOENÇA: Podridão mole bacteriana

ORGANISMO CAUSAL: *Pectobacterium chrysanthemi*

SINTOMAS:

Na fase inicial da doença, ocorre o murchamento prematuro e a secagem das pontas das folhas. Mais tarde, aparece uma podridão mole e viscosa na base do verticilo. Devido à rápida progressão da podridão, a epiderme da folha incha e o conteúdo da folha é convertido numa massa viscosa. Por vezes, aparecem também lesões encharcadas de água na base das folhas (Mandal e Maiti, 2005; Pervez *et al.*, 2016; Sharma *et al.*, 2018).

GESTÃO:

Aplicação de fungicida para evitar a reinfeção. As plantas infectadas devem ser removidas para evitar a propagação da doença. Sugere-se também a remoção do lixo após a colheita, a prática da rotação de culturas, etc.

3.4 DOENÇA: Podridão basal do caule

ORGANISMO CAUSAL: *Fusarium oxysporum*

SINTOMAS:

A infeção começa a partir da borda da folha e os sintomas incluem secagem, apodrecimento das pontas das plantas e mudança para uma cor acastanhada (Kawuri *et al.*,2012; Sharma *et al.*,2018).

GESTÃO:

Pode ser aplicado mancozebe-45 (0,25%) ou carbendazime 50WP (0,2%). As plantas afectadas devem ser eliminadas.

3.5 DOENÇAS: Podridão das folhas

ORGANISMOS CAUSAIS: *Sclerotium rolfsii, Colletotrichium dematium, Phoma* sp. e *Rhizoctonia bataticola*

SINTOMAS:

O sintoma comum é o aparecimento de manchas encharcadas de água nas folhas (Shukla *et al.,*1981; Avan. M,2021).

GESTÃO:

A pulverização do solo com COC-0,25% com pré-tratamento dos bolbos com benomil 15% + mancozebe 60% será eficaz.

3.6 DOENÇAS: Podridão radicular

ORGANISMOS CAUSAIS: *Fusarium oxysporum, Phytophthora* spp. *e Pythium* spp.

SINTOMAS:

Os sintomas incluem pontas de raiz castanhas escuras e musgosas e folhas inferiores escuras e musgosas. No caso da podridão radicular de Phytophthora, a planta sofre de crescimento atrofiado e amarelecimento das folhas. No caso da podridão radicular de Pythium, as raízes permanecem no solo enquanto se desenraíza a planta (Sharma *et al.,*2018). No caso da doença, observa-se o amarelecimento das folhas e a murchidão das plantas. O crescimento de micélios semelhantes a algodão na região do colarinho é também o outro sintoma desta doença (Subbiah *et al.,*1996; Boby e Bagyaraj, 2003; Kamalakannan *et al.,*2006; Zimowska,2008; Martini *et al.,*2009; Govindappa *et al.,*2010; Ziedan *et al.,*2010; Zimowska,2015; Aganer e Cere,2017; Avan. M,2021).

GESTÃO:

Sugere-se a aplicação de mancozeb, oxicloreto de cobre (Mondal *et al.,*2018), carbendazim + mancozeb (Ingle *et al.,*2014). Eliminar as plantas infectadas e lavar as ferramentas de poda usadas com álcool a 70% seguido de secagem ao ar (Sharma *et al.,*2018). *Trichoderma harzianum* (Govindapa *et al.,*2010) *T. viride+ Pseudomonas fluorescens* (Ingle *et al.,*2014) e *Glomus fasciculatum* (Mondal *et al.,*2018) são as recomendações para o controlo da doença.

3.7 DOENÇA: Ferrugem

ORGANISMOS CAUSAIS: *Phakospora pachyrhizi, Uromyces aloes*

SINTOMAS:

A doença aparece nas zonas com temperaturas frescas e humidade elevada. Os sintomas incluem o aparecimento de pequenas manchas amareladas pálidas nas folhas, que se expandem e mais tarde se tornam castanhas ou alaranjadas. Também ocorre desfoliação (Soni *et al.,*2011; Mondal *et al.,*2018). A superfície das folhas sob aparece uma mancha vermelha amarelada com pústulas ferruginosas (Jones,1972; Koike *et al.,*1998; Kalra *et al.,*2005; Saber *et al.,*2009; Afsahan *et al.,*2012; Avan, M.2021).

GESTÃO:

As plantas recuperam por si próprias. Sugere-se a aplicação de enxofre/oxicloreto de cobre (Singh, 2006), clorotalonil (Douglas, 2003; Moorman, 2017), trifloxistrobina/propiconazol (Mekonnen e Manahlie, 2018). São sugeridas medidas como *Bacillus subtilis, Trichoderma harzianum* (Saber *et al.,*2009), extractos de *Maesa lanceolata* e *Milletia ferruginea* (Mekonnen *et al.,*2014).

4. PLANTA: *Andrographis paniculata* (Burm. f.) Wall. ex Nees.

Família: Acanthaceae

4.1 DOENÇA: Mancha da folha

ORGANISMO CAUSAL: *Cercospora* sp.

SINTOMAS:

A doença aparece nas folhas sob a forma de manchas castanhas escuras, de forma circular ou oval, com margens acastanhadas no centro. Em casos graves de infestações, as manchas podem coalescer para formar uma mancha que dá um aspeto de ferrugem (Mondal, 2016; Mondal *et al.*, 2018). Os sintomas da doença incluem o aparecimento de manchas bronze arroxeadas em ambas as superfícies das folhas durante janeiro - fevereiro de 2023. As manchas tornaram-se mais proeminentes na superfície superior das folhas. A parte basal da folha fica ligeiramente malformada. Todas estas plantas podem ser facilmente identificadas no campo (observação pessoal dos autores).

GESTÃO:

Sugere-se a pulverização de fungicidas como o mancozeb e o carbendazim.

4.2 DOENÇAS: Crestamento da folha

ORGANISMO CAUSAL: *Rhizoctonia solani*

SINTOMAS:

Neste caso, toda a fonte foliar apresenta sintomas de praga e sofre desfoliação. A gravidade da doença é observada em condições de elevada humidade . Durante esse período, as lesões espalham-se por toda a planta (Mondal, 2016; Mondal *et al.,*2018).

GESTÃO:

A aplicação de mancozeb, carbendazim, *Trichoderma+* adubo orgânico revelar-se-á boa.

4.3 DOENÇAS: Podridão radicular

ORGANISMO CAUSAL: *Macrophomina phaseolina*

SINTOMAS:

Os sintomas da doença incluem a murchidão e a morte gradual das plantas. As raízes tornam-se enegrecidas devido ao apodrecimento (Mondal, 2016; Mondal *et al.,*2018).

GESTÃO:

A aplicação de mancozebe e oxicloreto de cobre será eficaz.

4.4 DOENÇA: Verruga

ORGANISMO CAUSAL: *Synchytrium lepidagathidis*

SINTOMAS:

Os sintomas aparecem nas partes aéreas da planta. Na fase inicial, surgem protuberâncias que mais tarde se transformam em estruturas semelhantes a galhas. Estas são inicialmente amarelo-esverdeadas e podem estar isoladas ou em formação de grumos. Em cada galha, os esporos esféricos foram vistos quando examinados ao microscópio estéreo-binocular. Em caso de infestação grave, as partes afectadas tornam-se encaracoladas e deformadas e o seu crescimento é retardado. Finalmente, a parte afetada torna-se cortiça e malformada. O período favorável é de junho a dezembro (Mondal, 2016; Mondal *et al.*,2018).

GESTÃO:

Para o controlo, é aconselhável uma cultura limpa, a remoção e a destruição das partes doentes das plantas.

4.5 DOENÇA: Vassoura de bruxa de Kalmegh

ORGANISMO CAUSAL: Phytoplasma (16SrII-D)

SINTOMAS:

Esta doença típica de Phytoplasma exibe rebentos de proliferação que dão a aparência de vassoura de bruxa, juntamente com crescimento atrofiado e pouca doença foliar (Saeed *et al.*, 2015; Mondal *et al.*,2018).

GESTÃO:

Sugere-se a pulverização de insecticidas sistémicos como o dimetoato e o imidaclopride.

4.6 DOENÇAS: Infestação de nervuras amarelas

ORGANISMO CAUSAL: Vírus (Eclipta yellow vein virus juntamente com um betasatélite associado)

SINTOMAS:

Os sintomas da doença incluem o aparecimento de nervuras amarelas nas folhas mais jovens e, numa fase posterior, o enrolamento das folhas aparece. A clorose e a redução do rendimento são também sintomas comuns desta doença. *Bemesia tabaci*, a transmissão da mosca branca na propagação da doença (Khan *et al.*, 2015; Mondal *et al.,*2018).

GESTÃO:

Destruir e deitar fora as plantas afectadas será bom.

5. **PLANTAS:** *Aristolochia bracteate* Lam.

Família: Aristolochiaceae

5.1 DOENÇAS: Ferrugem da folha

ORGANISMO CAUSAL: *Colletotrichum dematium*

SINTOMAS:

Na primeira fase da doença, aparecem lesões encharcadas de água nas folhas que se espalham para o pecíolo do caule principal. As manchas aumentam subsequentemente de tamanho, o pecíolo e os caules também são infectados e as manchas tornam-se necróticas (Koche *et al.,*2015).

GESTÃO:

A pulverização de fungicidas como mancozeb, carbendazim e oxicloreto de cobre são medidas sugeridas.

6. **PLANTA:** *Asparagus officinalis* L.

Família: Asparagaceae

6.1 DOENÇAS: Vírus dos espargos I e II

ORGANISMOS CAUSAIS: Vírus do espargo I e II

SINTOMAS:

O ataque do Asparagus virus I e II aos espargos não produz sintomas caraterísticos. Quando ambos os vírus estão presentes, a sobrevivência e o vigor das plantas são severamente afectados. Provocam também a redução do tempo de vida dos espargos. Ambos os vírus são transmitidos por afídeos. O Asparagus virus II é transmitido mecanicamente por lâminas de facas através de equipamentos de colheita ou por outras actividades que causam o movimento da seiva da planta de uma planta para outra (Fallon e Tate,1986; Sharma *et al.,*2018).

GESTÃO:

Sugere-se a utilização de sementes e material de plantação isentos de vírus ou a adaptação da cultura de tecidos de plantas saudáveis (Mondal *et al.,*2018).

6.2 DOENÇAS: Fusarium crown, root and lower stem rot

ORGANISMO CAUSAL: *Fusarium oxysporum*

SINTOMAS:

As plantas afectadas apresentam uma diminuição da produtividade e do crescimento, ficando atrofiadas e com uma cor amarela brilhante. A descoloração vascular castanha avermelhada estende-se à coroa. As coroas e as partes subterrâneas dos caules apresentam lesões castanhas avermelhadas e afundadas. As raízes dos alimentadores começam a apodrecer completamente (Fallon e Tate,1986; Mondal *et al.,*2018).

GESTÃO:

Sugere-se a pulverização de mancozeb e carbendazim para controlo. A lavoura profunda, a rotação de culturas e a esterilização do solo serão eficazes.

6.3 DOENÇAS: Phytophthora crown, root and spear rot

ORGANISMOS CAUSAIS: *Phytophthora asparagi,* *P. megasperma* var. *sojae* e outras *Phy tophthora* spp.

SINTOMAS:

A doença da lança é identificada pelo aparecimento de lesões moles e encharcadas de água nos rebentos, ligeiramente acima ou abaixo do nível do solo. As lesões colapsam e encolhem, o lado afetado da lança torna-se achatado e curvo. As raízes de armazenamento jovens infectadas parecem encharcadas (Fallon e Tate,1986; Mondal *et al.,* 2018).

GESTÃO:

A instalação de um bom sistema de drenagem, evitando a rega excessiva e utilizando material de plantação isento de doenças, será eficaz.

6.4 DOENÇA: Ferrugem

ORGANISMO CAUSAL: *Puccinia asparagi*

SINTOMAS:

As infecções produzem a fase laranja e, ocasionalmente, esta fase pode ser encontrada na primavera. Caracteriza-se por manchas verdes claras na lança nova que amadurecem em pústulas amarelas ou cor de laranja pálido em padrões de anéis concêntricos. As pústulas vermelhas produzem esporos de cor ferruginosa transportados pelo ar sob a forma de uma massa pulverulenta. Também pode ocorrer amarelecimento e escurecimento do feto (Mondal *et al.,*2018). Aparecimento de manchas vermelhas amareladas na superfície inferior das folhas, que mais tarde se transformam em pústulas de ferrugem (Jones,1972; Koike *et al.,*1998; Kalra *et al.,*2005; Saber *et al.,*2009; Soni *et al.,*2011; Afsahan *et al.,*2012; Avan, M.2021).

GESTÃO:

Sugere-se a pulverização de fungicida como mancozeb ou clorotalonil (Mondal *et al.,* 2018), aplicação de enxofre/oxicloreto de cobre (Singh, 2006), clorotalonil (Douglas, 2003; Moorman, 2017), trifloxistrobina/propiconazol (Mekonnen e Manahlie, 2018). O saneamento do campo, boas práticas de irrigação, *Bacillus subtilis*, *Trichoderma harzianum* (Saber *et al.,*2009), extractos de *Maesa lanceolata* ve *Milletia ferruginea* (Mekonnen *et al.,*2014) curarão esta doença.

6.5 DOENÇAS: Mancha foliar e mancha púrpura de Stemphylum

ORGANISMO CAUSAL: *Stemphylium vesicarium*

SINTOMAS:

Aparência de grandes lesões elípticas com margens bem definidas de cor castanho-rabilhosa ou preta, rodeadas por uma zona verde-amarelada difusa e castanho-claro a cinzento. No centro dos caules e dos ramos, a desfoliação prematura redução da capacidade fotossintética, diminuindo as reservas de hidratos de carbono. A planta sofre qualitativamente (Fallon e Tate,1986; Mondal *et al.,* 2018).

GESTÃO:

O mancozebe e o carbendazime podem ser pulverizados.

7. **PLANTAS:** *Asparagus* **spp.** L.

Família: Asparagaceae

7.1 DOENÇA: Podridão da coroa

ORGANISMOS CAUSAIS: *Phytophthora asparagi, P. megasperma* var. *sojae,*

Phytophthora spp.

SINTOMAS:

A coroa infetada torna-se laranja-amarelada e os sintomas de podridão aparecem com o progresso da doença (Garibaldi *et al.*, 2015; Mondal *et al.*,2018; Avan. M,2021).

GESTÃO:

A aplicação de carbendazim ou mancozebe (Mondal *et al.*,2018), *Trichoderma* spp. (Mondal *et al.*,2018) revelar-se-á eficaz.

7.2 DOENÇAS: Podridão radicular

ORGANISMOS CAUSAIS: *Fusarium oxysporum* F. sp. *asparagi, F. proliferatum, F. moniliforme, F. solani, F. redolens, Phytophthora asparagi, P. megasperma* var. *sojae, Phytophthora* spp. *e Rhizoctonia solani*

SINTOMAS:

Observa-se o amarelecimento das folhas e a murcha das plantas no caso da doença. O crescimento de micélios semelhantes a algodão na área do colarinho é também outro sintoma desta doença (Subbiah *et al.,*1996; Boby e Bagyaraj, 2003; Kamalakannan *et al.,*2006; Zimowska,2008; Martini *et al.,*2009; Govindappa *et al.,*2010; Ziedan *et al.,*2010; Zimowska,2015; Aganer e Cere,2017; Avan. M,2021).

GESTÃO:

Aplicação de mancozeb, oxicloreto de cobre (Mondal *et al.,*2018), carbendazim + mancozeb (Ingle *et al.,*2014). *Trichoderma harzianum* (Govindapa *et al.,*2010) *T. viride+ Pseudomonas fluorescens* (Ingle *et al.,*2014) e *Glomus fasciculatum* (Mondal *et al.,*2018) são as recomendações para o controlo desta doença.

7.3 DOENÇAS: Podridão do caule

ORGANISMOS CAUSAIS: *Fusarium oxysporum* F. sp. *asparagi, F. proliferatum, F. moniliforme, F. solani, F. redolens*

SINTOMAS:

As folhas afectadas apresentam os sintomas através do aparecimento de lesões encharcadas de água. Os tecidos carnudos tornam-se fracos e a água nos tecidos sai. A parte afetada torna-se castanha (Trujillo *et al.*,1988; Burns e Benson,2000; Elena,2006; Oogi *et al.*,2009; Martini *et al.*, 2009; Zimowska,2015; Samouel *et al.*,2016; Avan. M,2021).

GESTÃO

Sugere-se a aplicação de carbendazim ou mancozeb (Mondal *et al.*,2018), *Trichoderma viride+ Pseudomonas fluorescens* e *Bacillus subtilis* (Kamalakannan *et al.*,2003).

8. PLANTA: *Atropa belladonna* L.

Família: Solanaceae

8.1 DOENÇA: Mancha foliar de Cercospora

ORGANISMO CAUSAL: *Cercospora atropa*

SINTOMAS:

Manchas castanhas redondas ou angulares com margem de cor castanha aparecem em ambas as superfícies da folha. Condições quentes e humidade elevada favorecem esta doença (Reddy,2010; Mondal *et al.*,2018).

GESTÃO:

Sugere-se a aplicação de oxicloreto de cobre ou mancozeb ou carbendazim.

8.2 DOENÇA: Amortecimento

ORGANISMOS   CAUSAIS: *Pythium ultimum, P. debayanum, Rhizoctonia solani* e *Phytophthora parasitica*

SINTOMAS:

Provoca o amortecimento pré e pós-emergência na fase de plântula jovem. As condições frescas e húmidas favorecem esta fase (Reddy,2010; Mondal *et al.*,2018).

GESTÃO:

O uso de oxicloreto de cobre ou mancozeb, *Trichoderma* spp. será eficaz. Para além disso, sugere-se também a redução da densidade das plântulas.

8.3 DOENÇAS: Míldio

ORGANISMO CAUSAL: *Peronospora parasitica*

SINTOMAS:

Aparece um pequeno crescimento branco e felpudo na superfície inferior das folhas que aumenta gradualmente de tamanho (Reddy, 2010). As folhas gravemente afectadas secam. A baixa temperatura e a humidade elevada são favoráveis ao aparecimento da doença (Mondal *et al.,*2018).

GESTÃO:

Sugere-se o uso de oxicloreto de cobre ou mancozebe.

8.4 DOENÇAS: Necrose da folha

ORGANISMO CAUSAL: *Ascochyta atropae*

SINTOMAS:

A folha afetada apresenta manchas irregulares acinzentadas e brancas na superfície superior da folha, que coalescem mais tarde para formar lesões necróticas (Reddy,2010). A desfoliação e a morte também são frequentemente observadas na planta afetada (Mondal *et al.,*2018).

GESTÃO:

Sugere-se o uso de oxicloreto de cobre ou mancozebe.

8.5 DOENÇA: Mottling

ORGANISMO CAUSAL: Belladonna mottle virus I

SINTOMAS:

As manchas verde-escuras, juntamente com a distorção das folhas com bolhas e o atraso no crescimento, são os principais sintomas da doença (Mondal *et al.,* 2018).

GESTÃO:

A destruição da planta afetada revelar-se-á eficaz.

8.6 DOENÇAS: Podridão radicular/murchidão

ORGANISMO CAUSAL: *Fusarium solani*

SINTOMAS:

O agente patogénico ataca todas as fases da planta (Reddy, 2010). Na fase avançada, aparece produzindo sintomas de queda e amarelecimento dos ramos mais velhos da folha e secagem da porção apical. O tecido do colo torna-se castanho e a planta mostra-se murcha. As condições quentes e húmidas favorecem a doença (Mondal *et al.,*2018).

GESTÃO:

A aplicação de carbendazim 50WP (0,1%) será eficaz. Sugere-se o cultivo limpo e a rotação de culturas com centeio e trigo.

9. PLANTA: *Azadirachta indica* L.

Família: Meliaceae

9.1 DOENÇA: Mancha angular da folha

ORGANISMO CAUSAL: *Xanthomonas azadiractae*

SINTOMAS:

Nesta fase, aparecem manchas angulares encharcadas de água nas folhas que, por sua vez, se tornam amarelas pálidas e, finalmente, desfolham. (Moniz e Raj,1967; Chakravarthi e Gupta, 1975; Mondal *et al.,*2018)

GESTÃO:

A pulverização de oxicloreto de cobre 50WP (0,4%) ou de estreptociclina (0,05%) será eficaz.

9.2 DOENÇAS: Murchidão bacteriana

ORGANISMO CAUSAL: *Pseudomonas azadiractae*

SINTOMAS:

A planta afetada mostra-se murcha, embora as folhas possam parecer verdes. Os tecidos apodrecem. Estes sintomas são mais prevalentes em condições de elevada humidade ou em condições de estagnação da água (Srivastava e Patel, 1969; Mondal *et al.,*2018).

GESTÃO:

Deve-se evitar a estagnação da água no solo. A aplicação de *Trichoderma* e *Pseudomonas fluorescence.* controlará a doença.

9.3 DOENÇAS: Mancha da folha

ORGANISMO CAUSAL: *Pseudocercospora subsessilis*

SINTOMAS:

Nas folhas mais velhas, aparecem lesões subcirculares ou irregulares de cor castanha, com bordos castanhos escuros. As manchas foliares coalescem e transformam-se numa mancha necrótica castanha profunda, seguida de abscisão das folhas. As condições quentes e de elevada humidade aceleram a doença (Castellani e Mohamed, 1984; Mondal *et al.,*2018).

GESTÃO:

A cultura limpa e a aplicação de *Trichoderma* e *Pseudomonas fluorescente* serão aconselháveis para o controlo.

9.4 DOENÇAS: Crestamento da folha

ORGANISMO CAUSAL: *Rhizoctonia solani*

SINTOMAS:

Os sintomas típicos do míldio aparecem nas folhas jovens, galhos e caules e as folhas infectadas apresentam manchas desbotadas. Começa na margem e avança gradualmente em teias de fungos. Aparece antes em condições de humidade. (Sankaran *et al.*, 1986; mehrotra 1989; Mondal *et al.,*2018).

GESTÃO:

A utilização de agentes de biocontrolo como *Trichoderma*, mancozeb e carbendazim será eficaz.

9.5 DOENÇAS: Oídio

ORGANISMO CAUSAL: *Oidium azadiractae*

SINTOMAS:

O crescimento pulverulento acinzentado aparece nas folhas jovens acompanhado de lesões necróticas nas folhas maduras mais velhas.

As folhas infectadas ficam enrugadas e caem (Tewari, 1992; Mondal *et al.*,2018).

GESTÃO:

A pulverização de enxofre molhável ou carbendazim revelar-se-á boa (Mondal *et al.*,2018).

9.6 DOENÇAS: Podridão radicular

ORGANISMO CAUSAL: *Ganoderma lucidium*

SINTOMAS:

Os sintomas da doença incluem o amarelecimento das folhas inferiores, que gradualmente se estende também à parte superior, e as plantas apresentam sintomas de queda. Em caso de infestações graves, as folhas racham longitudinalmente e daí escorre uma substância gomosa (Tewari, 1992; Mondal *et al.*,2018).

GESTÃO:

Recomenda-se a irrigação no verão e a alimentação das raízes com carbendazim @ (20ml/100ml de água). A aplicação de um agente de biocontrolo como o *Trichoderma* revelar-se-á boa (Mondal *et al.*,2018).

10. PLANTA: *Boerhavia diffusa* L.

Família: Nyctaginaceae

10.1 DOENÇAS: Mancha da folha/ Antracnose

ORGANISMOS CAUSAIS: *Colletotrichum capsica, C. gloeosporioides*

SINTOMAS:

Aparecem lesões avermelhadas claras nas folhas que aumentam gradualmente até se tornarem cor de palha, rodeadas por uma auréola avermelhada, especialmente durante a fase avançada (Paul, 2013). Em caso de infestação grave, ocorre desfolha.

Uma doença viral, a doença do mosaico da beringela, também ocorre na Costa Rica. Do mesmo modo, o vírus do mosaico amarelo da aboborinha também foi registado na *Boerhavia diffusa*. *O Aphis gossypii*, o pulgão do algodão, pode atuar como vetor. (Nuge e Setshogo, 2008; Mondal *et al.*,2018).

GESTÃO:

O tratamento das sementes com tirame à taxa de 2 kg/ha ou zineb 2,5 kg/ha será eficaz.

10.2 DOENÇA: Verruga

ORGANISMO CAUSAL: *Synchytrium boerhaviae*

SINTOMAS:

Os sintomas aparecem nas partes aéreas tenras da planta, com um aspeto de galha. A cor da galha torna-se inicialmente rosada escura. As galhas podem permanecer isoladas ou podem coalescer, formando uma soria globular de cor castanha escura, esférica e visível a olho nu. A inflorescência fica deformada e as flores tornam-se estéreis (Mondal, 2016; Mondal *et al.,*2018).

GESTÃO:

O cultivo limpo e a eliminação das partes doentes das plantas ajudarão a evitar a propagação da doença.

11. PLANTA: *Camellia sinensis* L.

Família: Theaceae

11.1 DOENÇA: Crestamento bacteriano

ORGANISMO CAUSAL: *Exobasidium vexans*

SINTOMAS

O míldio da bolha é uma doença grave do chá que afecta os rebentos do chá e causa enormes perdas de colheita. Aparecem manchas translúcidas em folhas e caules tenros. As manchas são inicialmente amarelas pálidas e, mais tarde, provocam a formação de bolhas circulares na superfície inferior da folha. O tempo nublado e húmido é favorável ao aparecimento da doença. Os esporos na folha germinam na presença de humidade adequada e os sintomas aparecem em 10 dias (Kishor *et al.,*2022).

GESTÃO:

A utilização de mancozebe antes do aparecimento da infeção ou a aplicação de calda bordalesa a 1% ou de hexaconazol ou propiconazol revelar-se-ão eficazes.

11.2 DOENÇAS: Murchidão e cancro

ORGANISMO CAUSAL: *Glomeralla cingulata*

SINTOMAS:

As folhas e os ramos tornam-se amarelos e ocorre a murchidão. As pontas dos ramos geralmente morrem e aparecem manchas cinzentas no caule (Kishor *et al.,*2022).

GESTÃO:

Podem ser aplicados fungicidas como o tiofanato-metilo e sais de cobre de ácidos gordos. As ferramentas de poda entre todos os cortes devem ser desinfectadas.

11.3 DOENÇA: Morte dos galhos/ cancro do caule

ORGANISMO CAUSAL: *Macrophoma theicola*

SINTOMAS

Acastanhamento e queda das folhas. A doença alastra para os rebentos. Consequentemente, os rebentos secam e morrem. Os agentes patogénicos entram na planta através dos tecidos feridos (Kishor *et al.,*2022).

GESTÃO:

Seria desejável a seleção de uma variedade resistente e a adoção de um método de controlo biológico.

11.4 DOENÇA: Podridão vermelha da raiz

ORGANISMO CAUSAL: *Ganoderma pseudoferreum*

SINTOMAS

Murchamento das plantas. O micélio na raiz torna-se vermelho, ao qual o solo adere (Kishor *et al.,*2022).

GESTÃO:

Pode ser aplicável a aplicação de um método de biocontrolo.

11.5 DOENÇAS: Podridão radicular

ORGANISMO CAUSAL: *Phytophthora cinnamomi*

SINTOMAS:

Amarelecimento das folhas, crescimento deficiente e murchamento de toda a planta, seguido da morte da planta (Kishor *et al.*,2022).

GESTÃO:

O Trichoderma harzianum será aconselhável para o controlo

12. PLANTA: *Carthamus tinctorius* L.

Família: Asteraceae

12.1 DOENÇA: Mancha foliar de Alternaria

ORGANISMO CAUSAL: *Alternaria carthami*

SINTOMAS:

A folha infetada apresenta manchas circulares castanhas escuras (Xiaoyin,1982; Kumar *et al.*,1984; Kishore *et al.*,1985; Kalra *et al.*,2005; Taba *et al.*,2009; Garibaldi *et al.*,2011; Zimowska,2015; Avan. M,2021).

GESTÃO:

A aplicação de propineb (Parashurama e Shivanna,2013), mancozeb+ propiconazole (DMAPR,2012), benomyl, mancozeb, carbendazim (Singh,2006), *Trichoderma viride* (Chauhan e Ravi,2020), extrato de neem (Guleria e Kumar,2006) pode ser sugerida para controlo.

12.2 DOENÇAS: Podridão radicular

ORGANISMO CAUSAL: *Macrophomina phaseolina*

SINTOMAS:

As plantas começam a murchar, as folhas tornam-se amarelas e o crescimento micelial cotonoso branco aparece na região do colarinho (Subbiah *et al.*,1996; Boby e Bagyaraj, 2003; Kamalakannan *et al.*,2006; Zimowska,2008; Martini *et al.*,2009; Govindappa *et al.*,2010; Ziedan *et al.*,2010; Zimowska,2015; Aganer e Cere,2017; Avan. M,2021).

GESTÃO:

Aplicação de mancozeb, oxicloreto de cobre (Mondal *et al.*,2018), carbendazim + mancozeb (Ingle *et al.*,2014). *Trichoderma harzianum* (Govindapa *et al.*,2010) *T. viride+ Pseudomonas fluorescens*

(Ingle *et al.*,2014) e *Glomus fasciculatum* (Mondal *et al.*,2018) são a recomendação da doença.

12.3 DOENÇA: Murchidão

ORGANISMO CAUSAL: *Fusarium oxysporum* F. sp. *carthami*

SINTOMAS:

As plantas começam a desvanecer-se com o aparecimento de crescimento cotonoso à volta da raiz principal (Nelson *et al.*,1960; Gupta *et al.*,2004; Dung *et al.*,2010; Ziedan *et al.*,2010; Avan. M,2021).

GESTÃO:

Benomyl (Szezeponek e Mazur, 2006) ou mancozeb ou carbendazim (Mondal *et al.*,2018), *Trichoderma viride* + *Pseudomonas fluorescens* (Senthamarai *et al.*,2008), *Bacillus subtilis* (Elewa *et al.*,2011) ou *Trichoderma viride* (Mondal *et al.*,2018) revelar-se-ão bons.

13. PLANTA: *Cassia angustifolia* Vahl.

Família: Caesalpiniaceae

13.1 DOENÇA: Alternaria blight

ORGANISMO CAUSAL: *Alternaria alternata*

SINTOMAS:

A doença causa o míldio foliar e das plântulas em plantas de Cassia (Rai e Tetaawal, 2010). Foi realizado um estudo sobre alterações bioquímicas devido à infeção do agente patogénico (Marimuthu *et al.*,2018).

GESTÃO:

A pulverização de fungicidas como o mancozeb e o carbendazim será eficaz.

13.2 DOENÇA: Amortecimento

ORGANISMO CAUSAL: *Rhizoctonia bataticola*

SINTOMAS:

Os sintomas incluem lesões encharcadas de água seguidas de descoloração castanha na região do colo da planta, o que resulta no colapso das plântulas afectadas (Reddy, 2010; Chandel *et al.*,2014). As condições favoráveis ao desenvolvimento da doença incluem clima quente e húmido, solo mal drenado, plantação não higiénica, etc. (Mondal *et al.,*2018).

GESTÃO:

A aplicação de agentes de biocontrolo como *Trichoderma* com estrume orgânico, etc., e a pulverização de fungicidas como mancozeb e carbendazim podem ser aplicadas. Para o controlo, pode sugerir-se o cultivo limpo, a rotação de culturas, a lavoura de verão, a aplicação de agentes de biocontrolo como *Trichoderma* com estrume orgânico, etc.

13.3 DOENÇA: Podridão seca

ORGANISMO CAUSAL: *Macrophomina phaseolina*

SINTOMAS:

Inicialmente, observa-se o aparecimento de uma lesão negra na base da planta. As raízes tornam-se negras (Reddy, 2010; Chandel *et al.,*2014). As plantas murcham gradualmente e as folhas tornam-se caídas (Mondal *et al.,*2018).

GESTÃO:

Sugere-se o tratamento das sementes com mancozeb ou o encharcamento do solo com calda bordalesa.

13.4 DOENÇAS: Ferrugem da folha

ORGANISMO CAUSAL: *Phyllosticta* spp.

SINTOMAS:

Reddy, 2010; Chandel *et al.,*2014, relataram sintomas da doença como o aparecimento de manchas ovais encharcadas de água na superfície inferior gradualmente das folhas, que aumentam de tamanho e se fundem umas com as outras. Ocorre o branqueamento da folha. A parte danificada torna-se cinzento-esbranquiçada (Mondal *et al.,*2018).

GESTÃO:

O tratamento das sementes e a pulverização de fungicidas como o mancozebe e o carbendazime podem ser aplicados para controlar esta doença.

13.5 DOENÇA: Mancha da folha

ORGANISMO CAUSAL: *Alternaria alternata*

SINTOMAS:

Reddy, 2010; Chandel *et al.,*2014, relataram o aparecimento de manchas circulares como os principais sintomas da doença. Gradualmente, as manchas aumentam para cobrir todas as folhas (Mondal *et al.,* 2018).

GESTÃO:

Pode proceder-se à pulverização de fungicidas como o mancozebe e o carbendazime. Destruição de restos de plantas doentes, lavoura de verão, manutenção de uma densidade óptima de plantas, nutrição equilibrada e tratamento de sementes com fungicida.

13.6 DOENÇA: Mancha da folha

ORGANISMO CAUSAL: *Cercospora* spp.

SINTOMAS:

O aparecimento de manchas castanhas na superfície inferior surge na fase inicial. A doença surge normalmente durante o tempo quente, nublado e húmido (Reddy, 2010; Chandel *et al.,*2014; Mondal *et al.,*2018).

GESTÃO:

Podem ser aplicados fungicidas como o mancozeb e o carbendazim. A destruição de restos de plantas doentes, a lavoura de verão, a manutenção de uma densidade óptima de plantas, uma nutrição equilibrada e o tratamento de sementes são as sugestões de controlo da doença.

13.7 DOENÇA: Murchidão

ORGANISMO CAUSAL: *Fusarium oxysporum*

SINTOMAS:

As folhas da planta afetada tornam-se amarelas e caídas e a podridão começa no caule mais próximo do sistema vascular do solo, mostrando descoloração (Marimuthu *et al.,*2018).

GESTÃO:

A utilização de um agente de biocontrolo como o *Trichoderma viride* será eficaz (Magar e Barhate, 2013).

14. PLANTA: *Catharanthus roseus* (L.) G. Don.

Família: Apocynaceae

14.1 DOENÇAS: Murchidão

ORGANISMO CAUSAL: *Pythium aphanidermatum*

SINTOMAS:

Os gomos das pontas dos ramos jovens desvanecem-se e secam (Kulkarni e Ravindra, 1988; Kulkarni *et al.*,1992; Avan. M,2021).

GESTÃO:

A pulverização de fungicida como o mancozebe pode ser aplicável.

15. PLANTA: *Centella asiatica* L.

Família: Apiaceae

15.1 DOENÇA: Mancha da folha

ORGANISMO CAUSAL: *Cercospora centellae*

SINTOMAS:

Surgem minúsculas manchas circulares ou semicirculares de cor castanha clara que se espalham gradualmente por toda a lâmina foliar. As manchas são castanho-escuras rodeadas por uma zona castanho-escura (Manoharachary *et al.*, 2003). Em alguns casos, toda a lâmina foliar fica coberta por numerosas manchas de 1 mm de diâmetro (Mondal *et al.*,2018). Inicialmente, aparecem pequenas manchas acastanhadas na superfície dorsal da folha que, posteriormente, se tornam castanhas arroxeadas e se espalham por toda a superfície superior da lâmina foliar. Os lados da folha também ficam reduzidos, ao contrário da folha saudável, que parece perfeitamente esverdeada (observação pessoal dos autores).

GESTÃO:

O controlo desta doença pode ser efectuado através do tratamento de sementes com mancozebe ou do encharcamento do solo com calda bordalesa.

15.2 DOENÇA: Murchidão bacteriana do sul

ORGANISMO CAUSAL: *Ralstonia solanacearum*

SINTOMAS:

A doença entra no sistema vegetal através das raízes e provoca a murchidão vascular. Na maioria dos casos, as plantas ficam secas. As temperaturas de 80°-90°F e a elevada humidade do solo são favorecidas por este agente patogénico para um melhor desenvolvimento. Também causa necrose radicular (Zoysa e Liyanage, 1994; Mondal *et al.,*2018).

GESTÃO:

Para além de praticar e manter um bom saneamento, o tratamento pesticida para a sua gestão. A doença pode ser necessária e os restos de plantas devem ser removidos do campo. Os trabalhadores devem lavar as mãos frequentemente depois de manusearem as plantas infectadas e minimizar os salpicos de água durante a irrigação.

15.3 DOENÇA: Podridão branca

ORGANISMO CAUSAL: *Sclerotinia sclerotiorum*

SINTOMAS:

Os sintomas comuns incluem a morte e a secagem da planta (Mondal e Khatua, 2015). A região peciolar da folha fica coberta por um crescimento micelial branco. Com o avanço da doença, cada vez mais plantas são afectadas e permanecem cobertas com micélios do agente patogénico (Mondal *et al.,*2018).

GESTÃO:

A aplicação de mancozebe e oxicloreto de cobre será eficaz.

16. PLANTAS: *Chlorophytum borivilianum* Santapau & R.R. Fern.

Família: Asparagaceae

16.1 DOENÇA: Alternaria leaf blight

ORGANISMO CAUSAL: *Alternaria alternata*

SINTOMAS:

Nas folhas aparecem manchas circulares a ovais de cor castanha escura ou acinzentada. Posteriormente, essas manchas aumentam de tamanho, passando a ter anéis concêntricos. Mais tarde, as folhas murcham e as manchas são rodeadas por centros necróticos acinzentados nas superfícies inferiores das folhas (Tekade *et al*., 2009; Venkatesh, 2013; Mondal *et al*.,2018). Esta doença também foi registada em ApniKheti. Safed Musli,2022 e Sweta & Sundararaj,2022.

GESTÃO:

Sugere-se a aplicação de benomyl 0,1% ou mancozeb 0,2% ou carbendazim 0,1% (TNAU Agritech Portal. Diseases flowers crossandra,2022). A utilização de um agente de biocontrolo como *Trichoderma* sp. (Sweta & Sundararaj,2022) será comprovada.

16.2 DOENÇAS: Antracnose

ORGANISMO CAUSAL: *Colletotrichum chlorophyti*

SINTOMAS:

Inicialmente, aparecem pequenas manchas castanhas na lâmina foliar. Mais tarde, estas tornam-se mais pronunciadas na margem das folhas. O aparecimento de lesões afundadas de vermelho escuro a preto bronzeado também ocorre (Tetarwal et al.,2017; Sweta & Sundararaj,2022).

GESTÃO:

Recomenda-se a aplicação de calda bordalesa a 1% ou carbendazim ou mancozebe a 0,1%, regulação da sombra, gestão integrada da nutrição, etc. Recomenda-se pulverização de *Pseudomonas fluorescens* com um intervalo de 3 semanas (TNAU Agritech Portal. Crop Protection. Mango,2022).

16.3 DOENÇA: Podridão do colarinho

ORGANISMO CAUSAL: *Corticium rolfsii*

SINTOMAS:

A clorose aparece nas folhas inferiores e mais tarde aparecem pequenas lesões necróticas castanhas na zona do colo da planta (*Singh et al*.,2001; Trivedi *et al*.,2006; Avan. M,2021).

GESTÃO:

Recomenda-se o uso de carbendazim, tiofanato-metilo (TNAU,2013), mancozebe (Mondal *et al.*,2018), *Trichoderma harzianum* (Singh e Singh,2004).

16.4 DOENÇA: Colletotrichum leaf blight

ORGANISMO CAUSAL: *Colletotrichum dematium, C. capsica*

SINTOMAS:

Os sintomas incluem lesões minúsculas, circulares e em forma de cabeça de alfinete, de cor castanha avermelhada nas folhas. Mais tarde, aparecem estrias longitudinais ao longo das nervuras centrais. Em caso de infestações graves, as plantas secam prematuramente e os tubérculos não se desenvolvem corretamente. Consequentemente, as propriedades medicinais são reduzidas. A época preferível para o ataque da doença é de agosto a setembro (Tekade *et al.*, 2009; Gautam, 2014; Mondal *et al.*,2018).

GESTÃO:

A aplicação de mancozebe, carbendazime ou calda bordalesa revelar-se-á eficaz.

16.5 DOENÇA: Macrophomina leaf blight

ORGANISMO CAUSAL: *Macrophomina phaseolina*

SINTOMAS:

As lesões necróticas aparecem nos bordos ou nas pontas das folhas infectadas (Maiti e Geetga,2013; Meena e Kadam,2021; Avan. M,2021).

GESTÃO:

São sugeridos o metalaxil+ mancozebe (Meena e Kadam,2021) e *a Pseudomonas fluorescens* (Meena e Kadam,2021).

16.6 DOENÇA: Mancha foliar de Macrophomina

ORGANISMO CAUSAL: *Macrophomina phaseolina*

SINTOMAS:

Aparecem nas folhas lesões encharcadas de água com bordos castanhos escuros (Dadwal e Bhartiya, 2012; Avan. M,2021).

GESTÃO:

Trichoderma viride+ Pseudomonas fluorescens (Senthamarai *et al.*,2008), *T. viride* e produto à base de neem (Kulkarni *et al.*,2007) também podem ser recomendados.

16.7 DOENÇA: Mancha vermelha

ORGANISMO CAUSAL: Agente patogénico não identificado (ApniKheti. Safed Musli,2022)

SINTOMAS:

Aparecem nas plantas manchas foliares de cor avermelhada, laranja ou amarela (ApniKheti. Safed Musli,2022; Sweta & Sundararaj,2022).

GESTÃO:

A aplicação de bavistina @1g/em 1L de água com um intervalo de 25 dias pode ser efectuada para a sua gestão (ApniKheti. Safed Musli,2022).

16.8 DOENÇA: radicular

ORGANISMOS CAUSAIS: *Aspergillus flavus, Haemofonectira haematococca, Rhizoctonia bataticola, R. solani, Fusarium solani, F. oxysporum*

SINTOMAS:

A doença começa na fase de plantação, com o aparecimento de manchas amarelas nas folhas, o que ocorre em caso de infestação grave. A podridão completa da planta doente ocorre e causa a morte da planta. (Tekade *et al.*, 2009). Também se formam manchas castanhas escuras na região do colarinho. (Mondal *et al.*, 2018). Estes sintomas de doença também foram registados em Sweta & Sundararaj,2022. Os sintomas incluem o amarelecimento das folhas, a secagem das plantas e o crescimento de micélio na região do colo das plantas (Subbiah *et al.*,1996; Boby e Bagyaraj, 2003; Kamalakannan *et al.*,2006; Zimowska,2008; Martini *et al.*,2009; Govindappa *et al.*,2010; Ziedan *et al.*,2010; Zimowska,2015; Aganer e Cere,2017; Avan. M,2021).

GESTÃO:

Recomenda-se também a aplicação de mancozebe 63% + carbendazime 12% (SAAF-75WP), propiconazol 25EC (Sweta & Sundararaj,2022). A aplicação de mancozeb, oxicloreto de cobre (Mondal *et al.*,2018), carbendazim + mancozeb (Ingle *et al.*,2014) também pode ser feita. Utilizar um agente de biocontrolo como *Trichoderma viride* (Sweta & Sundararaj,2022). *Trichoderma harzianum* (Govindapa *et al.*,2010) *T. viride*+ *Pseudomonas fluorescens* (Ingle *et al.*,2014) e *Glomus fasciculatum* (Mondal *et al.*,2018) são as recomendações para esta doença.

17. PLANTA: *Coffea arabica* L.

Família: Rubiaceae

17.1 DOENÇA: Ferrugem

ORGANISMO CAUSAL: *Hemileia vastatrix*

SINTOMAS:

A lâmina foliar infetada torna-se amarelada com manchas circulares acastanhadas, em número de 8-10, que aparecem na superfície superior da folha. Pelo contrário, a superfície inferior permanece castanha amarelada. Além disso, toda a margem da folha também se torna ligeiramente acastanhada. A fixação peciolar fica frouxa e, à mínima perturbação, dá-se a queda da folha (observação pessoal dos autores).

GESTÃO:

A manutenção de um saneamento adequado e a aplicação de um fungicida adequado, como o mancozeb, revelar-se-ão eficazes.

18. PLANTAS: *Coleus forskohlii* Briq .

Família: Lamiaceae

18.1 DOENÇAS: Ferrugem da parte aérea/ Rhizoctonia leaf blight

ORGANISMO CAUSAL: *Rhizoctonia solani*

SINTOMAS:

Na estação das monções, durante o período de humidade elevada, surge a doença do míldio e os sintomas incluem o aparecimento de manchas foliares que aumentam gradualmente, tornam-se bronzeadas claras a castanhas e, por fim, necróticas. Pode também ocorrer desfoliação e morte (Mondal *et al.*, 2018). Mancha irregular encharcada de água da folha espalhada para dentro (Mehrotra e Thapar,1990; Shukla *et al.*,1993;

Kalra *et al.*,2005; Sato *et al.*,2010; Aktaruzzaman *et al.*,2015; Avan. M,2021).

GESTÃO:

Mancozeb, carbendazim (Mondal *et al.,*2018), *Trichoderma*+ Fertilizante orgânico (Mondal *et al.,*2018) são as recomendações para o controlo desta doença.

18.2 DOENÇA: Mancha foliar de Corynespora

ORGANISMO CAUSAL: *Corynespora cassiicola*

SINTOMAS:

Manchas necróticas castanho-amareladas sob a forma de auréola clorótica aparecem nas folhas (Shukla *et al.*,2000; Garibaldi *et al.*,2007; Avan. M,2021).

GESTÃO:

São sugeridos Mancozeb (DMAPR, 2014), *Pseudomonas* sp. + ácido salicílico + pó de folhas de *Clerodendron inerme* (DMAPR, 2014).

18.3 DOENÇAS: Míldio

ORGANISMOS CAUSAIS: *Peronospora belbahrii, P. lamii*

SINTOMAS:

Os sintomas do míldio das plantas de *coleus* incluem a desfoliação, o enrolamento descendente das folhas, o aparecimento de manchas necróticas ou a distorção das folhas. Durante o tempo frio e húmido, o agente patogénico produz esporângios brancos a cinzentos na superfície inferior das folhas, que são as caraterísticas das folhas. A aparência de mofo nas folhas pode ser a sujidade das plantas e também as folhas enroladas (Mondal *et al.,*2018). Lesões necróticas de coloração amarela a castanha clara ocorrem nas folhas (Sain e Sharma,1999; Garibaldi *et al.*, 2004; Landa *et al.*,2005; Humphreys-jones *et al.*,2008; Lopez-Guisa *et al.*,2013; Avan. M, 2021). Inicialmente, aparecem manchas acastanhadas nas partes apicais das folhas. Estas manchas aumentam gradualmente de tamanho. Mais tarde, tornam-se mais ou menos circulares e a ponta da folha fica torcida na extremidade. Numa fase posterior, as folhas tornam-se amareladas, as pontas ficam enroladas e as manchas aparecem dispersas principalmente na parte basal de 1/3 da folha. A planta infetada murcha gradualmente (observação pessoal dos autores).

GESTÃO:

Mancozeb (Jat *et al.*,2015), metalaxil (Yadav *et al.*,2010), mandipropamida, azoxistrobina e acibenzolar-s-metil (Gilardi *et al.*,2013), oxicloreto de cobre (Mondal *et al.*,2018), *Streptomyces lydicus*, *Bacillus amyloliquefaciens* estirpe D747, bicarbonato de potássio e dióxido de hidrogénio (Wyenandt *et al.*,2015) são as recomendações para o controlo desta doença.

18.4 DOENÇAS: Ferrugem da folha

ORGANISMO CAUSAL: *Curvularia lunata* (Naseema e Wilson, 1991)

SINTOMAS:

Inicialmente, aparecem manchas foliares encharcadas de água que aumentam gradualmente de tamanho, tornam-se castanhas e coalescem para mostrar, em última análise, sintomas de míldio. A inoculação artificial também produziu sintomas semelhantes no prazo de 3 dias a partir da data de inoculação (Tekade *et al.*,2015).

GESTÃO:

Recomenda-se a aplicação de um fungicida adequado, como o mancozebe, o carbendazime e o oxicloreto de cobre.

18.5 DOENÇA: Mancha da folha

ORGANISMO CAUSAL: *Corynespora casiicola*

SINTOMAS:

Os sintomas são inicialmente castanhos e punctiformes. Posteriormente, tornam-se elípticos e subcirculares, seguidos de irregulares e de cor castanha clara (Farnandes e Barreto, 2003; Ramprasad,2005; Marimuthu *et al.*,2018). O bordo castanho-escuro delimita-os e distribui-se na lâmina foliar. Por vezes, a coalescência destes na fase posterior é observada com necrose das folhas (Mondal *et al.*,2018).

GESTÃO:

Sugere-se a utilização de fungicidas adequados como o mancozeb e o carbendazim.

18.6 DOENÇA: Mancha da folha

ORGANISMO CAUSAL: *Botryodiplodia theobromae*

SINTOMAS:

Os sintomas são inicialmente castanhos e punctiformes. Mais tarde, tornam-se elípticos e subcirculares. Por fim, tornam-se castanhos pálidos (Farnandes e Barreto, 2003; Ramprasad,2005; Marimuthu *et al.*,2018).

GESTÃO:

A pulverização de carbendazim 0,1% e mancozebe 0,25% será eficaz.

18.7 DOENÇAS: Podridão radicular e murchidão

ORGANISMOS CAUSAIS: *Fusarium chlamydosporum, F. solani, Macrophomina phaseolina, Ralstonia solanacearum*

SINTOMAS:

Os sintomas da doença incluem o amarelecimento e a murcha das folhas e raízes castanhas a pretas com raízes em decomposição. As plantas tornam-se insalubres. A podridão radicular provoca perdas superiores a 50%. No caso da podridão radicular causada por *Macrophomina phaseolina* em *Coleus forskohlii*, provoca a murchidão vascular. As raízes tornam-se inicialmente castanhas e depois pretas. Os caules também se tornam pretos (Mondal *et al.*, 2018). Os sintomas desta doença também foram registados em Marimuthu *et al.*,2018. Os sintomas incluem amarelecimento das folhas, secagem das plantas e crescimento de micélio na região do colo das plantas (Subbiah *et al.,*1996; Boby e Bagyaraj, 2003; Kamalakannan *et al.*,2006; Zimowska,2008; Martini *et al.*,2009; Govindappa *et al.*,2010; *Ziedan et al.*,2010; Zimowska,2015; Aganer e Cere,2017; Avan. M,2021).

GESTÃO:

Aplicação de mancozeb, oxicloreto de cobre (Mondal *et al.*,2018), carbendazim + mancozeb (Ingle *et al.*,2014) . *Trichoderma harzianum* (Govindapa *et al.*,2010) *T. viride+ Pseudomonas fluorescens* (Ingle *et al.*,2014) e *Glomus fasciculatum* (Mondal *et al.*,2018) são as recomendações desta doença.

18.8 DOENÇAS: Murchidão (Avan. M,2021); Murchidão bacteriana ou murchidão vascular (Chandrashekara e Prasannakumar,2010)

ORGANISMO CAUSAL: *Ralstonia solanacearum*

SINTOMAS:

As plantas desvanecem-se e surge um crescimento cotonoso à volta da raiz principal (Nelson *et al.*,1960; Gupta *et al.*,2004; Dung *et al.*,2010; Ziedan *et al.*,2010; Avan. M,2021).

As raízes afectadas tornam-se castanhas e, mais tarde, pretas. Subsequentemente, a decomposição começa com a exsudação. Por fim, as plantas afectadas murcham e colapsam (Marimuthu *et al.*,2018).

GESTÃO:

Benomyl (Szezeponek e Mazur, 2006) ou mancozeb ou carbendazim (Mondal *et al.*,2018), *Trichoderma viride + Pseudomonas fluorescens* (Senthamarai *et al.*,2008), *Bacillus subtilis* (Elewa *et al.*,2011) ou *Trichoderma viride* (Mondal *et al.*,2018) são sugeridos.

19. PLANTA: *Costus speciosus* Koen. ex. Retz.

Família: Costaceae

19.1 DOENÇAS: Ferrugem da folha

ORGANISMOS CAUSAIS: *Curvularia paradissi, Drechslera maydis*

SINTOMAS:

O corte para cima das folhas jovens é um sintoma muito comum da doença. Numa fase avançada, as folhas tornam-se castanhas escuras (Meeta e Jindal, 1994). No caso da *Drechslera maydis*, que causa esta doença, aparecem manchas encharcadas de água - que, mais tarde, aumentam e tornam-se necróticas (Mondal *et al.*,2018).

GESTÃO:

Sugere-se a aplicação de oxicloreto de cobre ou mancozebe.

19.2 DOENÇA: Podridão do rizoma por Pythium

ORGANISMO CAUSAL: *Pythium spirosum*

SINTOMAS:

No caso desta doença, o rizoma torna-se castanho sujo e as folhas tornam-se castanho-amareladas e depois secam (Meeta e Jindal, 1994). A melhor maneira de evitar esta doença é utilizar rizomas saudáveis para a propagação (Mondal *et al.,*2018).

GESTÃO

Sugere-se o uso de oxicloreto de cobre ou mancozeb para o controlo desta doença.

19.3 DOENÇA: Podridão do rizoma

ORGANISMO CAUSAL: *Fusarium solani*

SINTOMAS:

Os sintomas da doença aparecem durante os meses de julho a agosto (Meeta e Jindal, 1994). O rizoma torna-se castanho claro e emite um odor desagradável.

GESTÃO:

Pode ser aplicado mancozebe.

20. PLANTAS: *Cymbopogon citratus* (DC.) Stapf .

Família: Poaceae

20.1 DOENÇAS: Podridão do colarinho e murchidão (Mondal *et al.,*2018), Podridão do colarinho (Avan. M,2021)

ORGANISMO CAUSAL: *Fusarium moniliforme*

SINTOMAS:

O apodrecimento da região do colarinho juntamente com a murchidão da planta são os sintomas comuns da doença (Mondal *et al.,*2018). A clorose aparece em folhas inferiores e, mais tarde, aparecem pequenas lesões necróticas castanhas na zona do colarinho da planta (*Singh et al.,*2001; Trivedi *et al.,*2006; Avan. M,2021).

GESTÃO:

Carbendazim, tiofanato-metilo (TNAU,2013), mancozebe (Mondal *et al.,*2018) , carbendazim 50WP à taxa de 0,1% (Mondal *et al.,*2018) , *Trichoderma harzianum* (Singh e Singh,2004) , etc. serão medidas de controlo eficazes.

20.2 DOENÇA: Amortecimento

ORGANISMO CAUSAL: *Pythium aphanidermatum*

SINTOMAS:

As plântulas infectadas tornam-se amarelas e a planta entra em colapso (Kishore *et al.*,1985; Alam *et al.*,1996; Carkaci e Maden,1998; Li *et al.*,2008; Barguil *et al.*,2009; Avan. M,2021).

GESTÃO:

São sugeridos o mancozebe, o oxicloreto de cobre e o carbendazime (Mondal *et al.*,2018), *Trichoderma* spp. (Mondal *et al.*,2018).

20.3 DOENÇAS: Ferrugem da folha

ORGANISMO CAUSAL: *Curvularia andropogonis*

SINTOMAS:

A infestação começa com o início da monção, quando aparecem pequenas manchas acastanhadas que aumentam gradualmente até formar uma grande mancha (Sato e Ohkubo, 1990). No caso de infestações severas, toda a folha fica seca. A doença provoca a diminuição do tamanho da folha e a redução do rendimento em óleo. Por vezes, na mancha morta da folha, podem ser observados pontos negros formados por lesões esporuladas de fungos (Mondal *et al.*, 2018).

GESTÃO

A aplicação de mancozebe será eficaz.

20.4 DOENÇA: Amarelecimento letal

ORGANISMO CAUSAL: *Pythium aphanidermatum*

SINTOMAS:

A ocorrência da doença regista-se em julho e outubro. A descoloração das raízes e a desintegração da região cortical, juntamente com a descamação do tecido vascular, são sintomas comuns da doença (Alam *et al.*,1992). As condições quentes com elevada humidade preferem a situação da doença (Mondal *et al.*,2018).

GESTÃO:

Sugere-se a pulverização de mancozeb, oxicloreto de cobre, metataxil, etc. O cultivo limpo, a lavoura de verão, o estrume orgânico e a aplicação de *Trichoderma* são as medidas de controlo da doença.

20.5 DOENÇAS: Oídio

ORGANISMO CAUSAL: *Erysiphe graminis*

SINTOMAS:

Nas folhas, aparecem manchas cloróticas e descoloração acastanhada e as folhas afectadas ficam enroladas (Valiyeva *et al.*,2004; Kalra *et al.*,2005; Humphreys-Jones *et al.*,2008; Thines *et al.*,2009; Baradaran *et al.*,2012; Venegas-Portilla *et al.*,2020; Avan. M,2021).

GESTÃO:

Boscalid+ piraclostrobina, mandipropamida e fungicidas à base de cobre (Minuto *et al.*,2012), óleo essencial de tomilho e cravinho (Salamone *et al.*,2009) são medidas sugeridas.

20.6 DOENÇA: Ferrugem

ORGANISMO CAUSAL: *Puccinia nakanishikii*

SINTOMAS:

Os sintomas mais comuns da doença são o aparecimento de manchas amarelo-claras que depois se tornam castanhas e lesões castanhas alongadas em forma de riscas que coincidem com as nervuras das folhas de ambos os lados. Pústulas urediniais castanho-canela que aparecem em ambas as superfícies da folha. As manchas da folha coalescem para formar uma grande mancha. Esta condição é responsável pela queda das folhas e pela redução da quantidade de óleo. A precipitação elevada, a humidade elevada e a temperatura elevada favorecem a causa da doença (Mondal *et al.*, 2018). A superfície inferior das folhas torna-se amarela e aparecem manchas vermelhas com pústulas ferruginosas (Jones,1972; Koike *et al.*,1998; Kalra *et al.*,2005; Saber *et al.*,2009; Soni *et al.*,2011; Afsahan *et al.*,2012; Avan, M.2021).

GESTÃO:

A aplicação de enxofre/oxicloreto de cobre (Singh,2006), clorotalonil (Douglas,2003; Moorman,2017), trifloxistrobina/propiconazol (Mekonnen e Manahlie,2018), *Bacillus subtilis, Trichoderma harzianum* (Saber *et al.*,2009), extractos de *Maesa lanceolata* ve *Milletia ferruginea* (Mekonnen *et al.*,2014), etc. serão medidas de controlo eficazes.

21. PLANTAS: ***Cymbopogon citratus*** (DC.) Stapf, ***C. flexuosus*** (Nees ex Steud.) W. Watson

Família: Poaceae

21.1 DOENÇA: Colletotrichum leaf blight

ORGANISMO CAUSAL: *Colletotrichum caudatum*

SINTOMAS:

Aparecem pequenas manchas cloróticas na superfície inferior das folhas que depois se fundem para formar uma grande mancha (Sattar *et al.*,2006; Ramappa e Shovanna,2013; Avan. M,2021).

GESTÃO:

São sugeridos o mancozebe ou o carbendazime ou a mistura de bordeaux (Shukla *et al.*,2010; Smitha *et al.*,2014) e o carbendazime +mancozebe (Kadam *et al.*,2014).

21.2 DOENÇA: Curvularia leaf blight

ORGANISMO CAUSAL: *Curvularia trifolii*

SINTOMAS:

A folha infetada apresenta longas lesões necróticas de cor castanho-avermelhada (Alam *et al.*,1983; Sato e Ohkubo,1990; Avan. M,2021).

GESTÃO:

Mancozeb, mistura de bordeaux (Smitha *et al.*,2014), oxicloreto de cobre (Mondal *et al.*,2018), óleo de neem, extractos de *Kalanchoe heterophylla*, *Curcuma amada* e *Adhatoda vasica*, *Trichoderma viride* e *Pseudomonas fluorescens* (Lakpale,2011) são os métodos de controlo comuns.

21.3 DOENÇA: Mancha foliar de Curvularia

ORGANISMO CAUSAL: *Curvularia andropogonis*

SINTOMAS:

Aparecem lesões necróticas de cor castanha escura nas folhas (Thaung,2008; Bhagat *et al.*,2014; Avan. M,2021).

GESTÃO:

Sugere-se a aplicação de mancozeb e mistura de bordeaux (Smitha *et al.*,2014).

22. PLANTAS: *Cymbopogon citratus* (DC.) Stapf, ***C. flexuosus*** (Nees ex Steud.) W. Watson, ***C. martini*** (Roxb.) Wats.

Família: Poaceae

22.1 DOENÇA: Curvularia leaf blight

ORGANISMO CAUSAL: *Curvularia andropogonis*

SINTOMAS:

Aparecem pequenas manchas redondas, castanho-avermelhadas, nos bordos e pontas das folhas. Mais tarde, essas manchas coalescem para se tornarem lesões necróticas castanho-avermelhadas (Khare *et al.*,2020; Mahato *et al.*,2022).

GESTÃO:

O Dithane M-45 ou o dithane Z-78 2g/L de água com um intervalo de 10-15 dias permite controlar esta doença (Khare *et al.*,2020). Mancozeb 80WP ou Zineb 75 WP à taxa de 0,25% com intervalos de 15-20 dias curam esta doença (Mahato *et al.*,2022).

22.2 DOENÇA: Ellisiella leaf blight

ORGANISMO CAUSAL: *Ellisiella caudate*

SINTOMAS:

Na fase inicial, aparecem pequenos pontos necróticos cinzentos na superfície da folha. Mais tarde, as lesões aumentam, coalescem e ocorre uma secagem prematura das folhas (Mahato *et al.*,2022).

GESTÃO:

A calda bordalesa (1%) com um intervalo de 15 dias permite controlar esta doença (Mahato *et al.*,2022).

22.3 DOENÇAS: Crestamento cinzento ou podridão cinzenta ou mancha foliar de pestalotiopsis

ORGANISMO CAUSAL: *Pestalotiopsis* sp.

SINTOMAS:

Pequenas manchas desenvolvem-se nas margens e nas pontas das folhas. Mais tarde, essas manchas espalham-se por toda a folha. As manchas tornam-se mais tarde castanhas escuras. No centro das manchas aparecem pontos pretos que representam os corpos de frutificação assexuados, os acérvulos (Mahato *et al.*,2022).

GESTÃO:

A pulverização de carbendazim (0,1%) após chuva forte e seguida de enxofre molhável (0,1%) (Mahato *et al.*,2022) será eficaz.

22.4 DOENÇA: Folha pequena ou rebento de erva

ORGANISMO CAUSAL: *Esclerócio de Balansia*

SINTOMAS:

As partes florais afectadas são reduzidas. A produção de óleo e de sementes também diminui. O atrofiamento do crescimento e o aparecimento de folhas pequenas, inflorescências anormais são outros sintomas da doença (Mahato *et al.*,2022).

GESTÃO:

A aplicação de Dithane Z-78 (0,3%) antes da floração, com um intervalo de 10-12 dias (Mahato *et al.*,2022), será uma medida de controlo eficaz.

22.5 DOENÇA: Mancha vermelha da folha

ORGANISMO CAUSAL: *Colletotrichum graminicola*

SINTOMAS:

Aparecem pequenos pontos avermelhados na superfície da folha. Nas folhas aparecem também pontos castanhos com anéis concêntricos, que são os sintomas caraterísticos da doença. Os sintomas aparecem nas bainhas e nas nervuras centrais das folhas. Subsequentemente, as manchas coalescem para formar uma mancha grande e acabam por secar (Mahato *et al.*,2022).

GESTÃO:

Bavistin (0,1%) e depois dithane M-45 (0,2%) com intervalos de 10-20 dias curam esta doença (Crop Protection| DMAPR,2021).

22.6 DOENÇA: Ferrugem

ORGANISMO CAUSAL: *Puccinia nakanishikii* (Hawaii,1985)

SINTOMAS:

Inicialmente, aparecem pequenas manchas amarelas claras que se tornam castanhas, alongadas e lesões castanhas semelhantes a riscas aparecem em ambos os lados das folhas. As lesões fundem-se para formar manchas enormes ou ferrugem, resultando na queda prematura das folhas (Nelson, 2008). O teor de óleo também é reduzido e ocorre a desfolha (Nelson, 2008). Durante uma humidade relativa elevada, os esporos instalam-se nas folhas molhadas e provocam infecções que levam à formação de lesões (Mahato *et al.*,2022). Estes sintomas incluem manchas arroxeadas que se espalham por toda a superfície da folha. A ponta da folha torna-se estreita. A superfície ventral desenvolveu riscas púrpuras ténues. A maioria das plantas no campo apresenta este tipo de sintomas. Em caso de ataque intenso, as folhas secam (observação pessoal dos autores).

GESTÃO:

A aplicação de dithane Z-78 (0,2%), oxicloreto de cobre (0,3%) ou plantavax (0,1%) também é recomendada no primeiro aparecimento da doença (Mahato *et al.*,2022). A utilização de composto, coberturas vegetais e fertilizantes promoverá o crescimento das plantas. Deve evitar-se o cultivo de erva-limão na zona adjacente. O cultivo de plantas ferruginosas deve ser evitado. Também se sugere a manutenção da humidade relativa e o controlo de ervas daninhas.

22.7 DOENÇA: Estrago

ORGANISMO CAUSAL: *Tolyposporium christensenii*

SINTOMAS:

Esta doença é transmitida pela inflorescência, afecta o rendimento do óleo e a produção de sementes. As sementes transformam-se em manchas de ferrugem e tornam-se ligeiramente mais compridas (Mahato *et al.*,2022).

GESTÃO:

Vitavax power (0,2%) antes da sementeira no viveiro ou dithane Z-78 (0-3%) na altura do início da floração serão medidas de controlo eficazes.

23. PLANTAS: *Cymbopogon nardus* (L.) Rendle.

Família: Poaceae

23.1 DOENÇA: Curvularia leaf blight

ORGANISMO CAUSAL: *Curvularia andropogonis*

SINTOMAS:

A folha infetada apresenta longas lesões necróticas de cor castanho-avermelhada (Alam *et al.*,1983; Sato e Ohkubo,1990; Avan. M,2021).

GESTÃO:

Sugere-se a aplicação de mancozeb, mistura de bordeaux (Smitha *et al.*,2014), oxicloreto de cobre (Mondal *et al.*,2018). óleo de neem, *Kalanchoe heterophylla*, *Curcuma amada* e extractos de *Adhatoda vasica*, *Trichoderma viride* e *Pseudomonas fluorescens* (Lakpale,2011) darão um bom controlo.

24. PLANTAS: (a) *Datura metel* L. e (b) *Datura stramonium* L.

Família: Solanaceae

24.1 DOENÇA: Mancha foliar de Cercospora

ORGANISMO CAUSAL: *Cercospora jamaicensis*

SINTOMAS:

Na fase inicial da doença, aparecem manchas foliares dispersas e manchas foliares coalescentes. Mais tarde, estas tornam-se castanhas (Mathur *et al.,*1964; Mondal *et al.,*2018).

GESTÃO:

Pode aplicar-se mancozebe M-45 (2,5 g/l) com um intervalo de 10 dias ou carbendazime (1,0 g/l) ou cercobina (2,5 g/l) com um intervalo de 15 dias.

24.2 DOENÇA: Podridão do carvão vegetal

ORGANISMO CAUSAL: *Macrophomina phaseoli*

SINTOMAS:

Os cancros negros e afundados aparecem abaixo do nó cotiledonar durante o período de emergência. Os sintomas comuns da doença são o amarelecimento e o atrofiamento das folhas, que aumentam com a idade da planta. Gradualmente, as folhas da também ficam murchas. Os frutos não se enchem e as sementes permanecem imaturas. Encontram-se picnídios pretos em forma de cabeça de alfinete sobre a casca no interior da medula (Mondal *et al.*, 2018).

GESTÃO:

A sanitização das culturas permitirá um bom controlo.

24.3 DOENÇA: Mancha da folha

ORGANISMOS CAUSAIS: *Alternaria tennuissima, A. alterneta, A. crassa*

SINTOMAS:

Os sintomas da doença da mancha foliar da datura são o aparecimento de manchas redondas nas folhas. Essas manchas aumentam gradualmente de tamanho e acabam por se espalhar por todas as folhas. Consequentemente, as folhas ficam danificadas (Nuge e setshogo, 2008; Aktaruzzamam *et al.,*2015; Mondal *et al.,*2018). Os sintomas caraterísticos desta doença são a formação de manchas acastanhadas e arredondadas inicialmente na metade apical da folha e, numa fase posterior, as manchas aumentam de tamanho, tornam-se acastanhadas e a coloração da folha torna-se amarelada. As folhas infectadas podem ser facilmente identificadas em relação às folhas não infectadas, que são uniformemente esverdeadas. As plantas infectadas ficam doentes (observação pessoal dos autores).

GESTÃO:

Aplicação de mancozeb 0,25%. utilizado para a gestão.

24.4 DOENÇA: Folha pequena

ORGANISMO CAUSAL: *Candidatus* Phytoplasma trifolii (grupo 16SrVI)

SINTOMAS:

A planta doente apresenta uma redução do tamanho da folha e também do comprimento internodal. As partes florais transformam-se em partes foliares e as plantas infectadas apresentam um crescimento atrofiado (Raj *et al.*, 2008; Mondal *et al.*,2018).

GESTÃO:

Sugere-se a pulverização de insecticidas sistémicos como o dimetoato e o imidaclopride.

24.5 DOENÇA: Mosaico

ORGANISMO CAUSAL: Vírus da datura colombiana

SINTOMAS:

As folhas e a inflorescência nas suas fases jovens apresentam sintomas de mosaico. As folhas tornam-se amarelas a partir das nervuras (Verma *et al.*, 2014). O calor e a humidade elevada são condições favoráveis ao desenvolvimento desta doença (Mondal *et al.*, 2018).

GESTÃO:

Pode ser aplicada uma pulverização de inseticida sistémico como o dimetoato 0,2%, imidaclopride 0,05%.

24.6 DOENÇAS: Podridão da raiz e do pé

ORGANISMO CAUSAL: *Corticium solani*

SINTOMAS:

A planta afetada apresenta uma descoloração negra acastanhada das folhas que, mais tarde, se destacam do caule. O agente patogénico coloniza as raízes causando o apodrecimento (Nuge e setshogo, 2008; Mondal *et al.*,2018).

GESTÃO:

O mancozebe e o carbendazime são recomendados para o controlo desta doença.

24.7 DOENÇA: Murchidão

ORGANISMO CAUSAL: *Sclerotium rolfsii*

SINTOMAS:

No caso da doença, surge a descoloração da região do colo, as plantas apresentam sintomas de queda e secagem. Posteriormente, surgem os sintomas de apodrecimento (Nuge e setshogo, 2008). A humidade elevada com condições de calor favorece o desenvolvimento destas doenças (Mondal *et al.,*2018).

GESTÃO:

Para o seu controlo, podem ser aplicados mancozebe e carbendazime.

25. PLANTA: *Datura innoxia* Mill.

Família: Solanaceae

25.1 DOENÇA: Mancha da folha

ORGANISMO CAUSAL: *Alternaria alternata*

SINTOMAS:

Os sintomas caraterísticos incluem o aparecimento de manchas minúsculas encharcadas de água nas folhas, que aumentam gradualmente de tamanho e se fundem. As manchas tornam-se castanhas escuras, redondas a ovais ou irregulares com áreas necróticas. Estas folhas sofrem desfoliação. Ocorreu uma desfoliação grave devido à *Alternaria tennuissima* (Ganguly e Pandotra, 1962). A infeção precoce causa *Alternaria alternata* na forma de manchas circulares nas folhas (Janardhan *et al.,*1972). A patogenicidade desta doença foi testada com a pulverização de esporos em vasos de plantas e suspensão micelial. Os sintomas aparecem após 4 dias. No caso de alta virulência dos isolados prevalecentes na área. Os sintomas aparecem no prazo de 3 dias após a inoculação (Tekade *et al.,*2015).

GESTÃO:

A aplicação de benomyl 0,1% ou mancozcb 0,2% ou carbendazim 0,1% será eficaz (TNAU Agritech Portal,2022).

26. PLANTA: *Dianthus* carophyllus L.

Família: Caryophullaceae

26.1 DOENÇA: Mancha foliar de Alternaria

ORGANISMO CAUSAL: *Alternaria dianthi*

SINTOMAS:

Os sintomas da doença são manchas circulares castanhas escuras que aparecem nas folhas infectadas (Xiaoyin,1982; Kumar *et al.*,1984; Kishore *et al.*,1985; Kalra *et al.*,2005; Taba *et al.*,2009; Garibaldi *et al.*,2011; Zimowska,2015; Avan. M,2021).

GESTÃO:

Podem ser aplicados propineb (Parashurama e Shivanna,2013), mancozeb+ propiconazole (DMAPR,2012), benomyl, mancozeb, carbendazim (Singh,2006), *Trichoderma viride* (Chauhan e Ravi,2020), extrato de neem (Guleria e Kumar,2006).

26.2 DOENÇA: Botrytis leaf blight

ORGANISMO CAUSAL: *Botrytis cinerea*

SINTOMAS:

A folha infetada apresenta lesões em anéis concêntricos seguidas de murchamento e secagem das flores (Kalra *et al.*,2005; Vinodkumar e Nakkeeran,2017; Avan. M,2021).

GESTÃO:

Pode ser aplicado um fungicida como o mancozebe.

26.3 DOENÇA: Amortecimento

ORGANISMO CAUSAL: *Rhizoctonia solani*

SINTOMAS:

Os sintomas das plantas afectadas são o amarelecimento das plântulas infectadas e a queda das plantas (Kishore *et al.*,1985; Alam *et al.*,1996; Carkaci e Maden,1998; Li *et al.*,2008; Barguil *et al.*,2009; Avan. M,2021).

GESTÃO:

São sugeridos o mancozebe, o oxicloreto de cobre e o carbendazime (Mondal *et al.*,2018), *Trichoderma* spp. (Mondal *et al.*,2018).

26.4 DOENÇA: Bolor cinzento

ORGANISMO CAUSAL: *Botrytis cinerea*

SINTOMAS:

Os caules e as folhas afectados apresentam um crescimento peludo cinzento e castanho. As plantas também apresentam sintomas de amortecimento juntamente com lesões graves no caule. Em última análise, as plantas afectadas morrem (Edney,1967; Moreira *et al.*,2015; Avan. M,2021).

GESTÃO:

Podem ser aplicados mancozeb ou zineb (TNAU,2013), bolo de *Aloé vera*, óleo de tomilho e gelatina (Romero *et al.*,2017).

26.5 DOENÇA: Ferrugem

ORGANISMO CAUSAL: *Uromyces dianthi*

SINTOMAS:

Aparecem manchas amarelas na superfície inferior das folhas. As manchas vermelhas aparecem com pústulas ferruginosas (Jones,1972; Koike *et al.,*1998; Kalra *et al.,*2005; Saber *et al.,*2009; Soni *et al.,*2011; Afsahan *et al.,*2012; Avan, M.2021).

GESTÃO:

A aplicação de enxofre/oxicloreto de cobre (Singh, 2006), clorotalonil (Douglas, 2003; Moorman, 2017), trifloxistrobina/propiconazol (Mekonnen e Manahlie, 2018), *Bacillus subtilis, Trichoderma harzianum* (Saber *et al.,* 2009), extractos de *Maesa lanceolata* e *Milletia ferruginea* (Mekonnen *et al.,* 2014) são medidas sugeridas.

26.6 DOENÇA: Podridão do caule

ORGANISMO CAUSAL: *Rhizoctonia solani*

SINTOMAS:

Nas plantas infectadas aparecem lesões esverdeadas pálidas e encharcadas de água e estas plantas tornam-se fracas (Trujillo *et al.*,1988; Burns e Benson,2000; Elena,2006; Oogi *et al.*,2009; Martini *et al.*, 2009; Zimowska,2015; Samouel *et al.*,2016; Avan. M,2021).

GESTÃO:

Carbendazim ou mancozeb (Mondal *et al.*,2018), *Trichoderma viride+ Pseudomonas fluorescens* e *Bacillus subtilis* (Kamalakannan *et al.*,2003), etc. serão medidas de controlo eficazes.

26.7 DOENÇA: Murchidão

ORGANISMO CAUSAL: *Fusarium oxysporum* F. sp. *dianthi*

SINTOMAS:

As plantas começam a desvanecer-se com o aparecimento de crescimento cotonoso à volta da raiz principal (Nelson *et al.*,1960; Gupta *et al.*,2004; Dung *et al.*,2010; Ziedan *et al.*,2010; Avan. M,2021).

GESTÃO:

Benomyl (Szezeponek e Mazur, 2006) ou mancozeb ou carbendazim (Mondal *et al.*,2018), *Trichoderma viride + Pseudomonas fluorescens* (Senthamarai *et al.*,2008), *Bacillus subtilis* (Elewa *et al.*,2011) ou *Trichoderma viride* (Mondal *et al.*,2018), etc. podem ser aplicados para o seu controlo.

27. PLANTA: *Elettaria cardamomum* (L.) Maton

Família: Zingiberaceae

27.1 DOENÇA: Vírus do mosaico do cardamomo

ORGANISMO CAUSAL: Desconhecido

SINTOMAS:

Os sintomas aparecem na superfície ventral da folha e espalham-se em mosaico amarelo-verde ao longo de toda a lâmina foliar. A parte marginal da folha torna-se acastanhada. Ocasionalmente, aparecem também manchas acastanhadas dispersas na lâmina foliar. A intensidade dos sintomas da doença não foi muito prevalecente (observação pessoal dos autores).

GESTÃO:

Recomenda-se a utilização de cultivares resistentes.

28. PLANTA: *Emblica officinalis* Gaertn.

Família: Phyllanthaceae

28.1 DOENÇA: Antracnose

ORGANISMO CAUSAL: *Colletotrichum gleosporioides*

SINTOMAS:

As lesões típicas da antracnose aparecem nas folhas e aumentam com o progresso da doença (Sattar *et al.,* 2002; Singh *et al.,* 2004; Ayvar-Serna *et al.,* 2020; Avan. M,2021).

GESTÃO:

Podem ser aplicados carbendazim (Prakash,2012), mancozebe ou mistura de bordeaux (Mondal *et al.,*2018).

28.2 DOENÇA: Bolor azul

ORGANISMOS CAUSAIS: *Penicillium citrinum, P. islandicum*

SINTOMAS

Nos frutos infectados, surgem manchas macias e incolores. Esporos verde-azulados aparecem nessas partes das plantas (Saini,2017; Avan. M,2021).

GESTÃO:

O hipoclorito de sódio e o bórax devem ser aplicados em condições de pré-armazenamento e o carbendazime em condições de armazenamento (Prakash, 2012).

28.3 DOENÇA: Mancha foliar de Cercospora

ORGANISMO CAUSAL: *Cercospora* spp.

SINTOMAS:

Os sintomas incluem o aparecimento de manchas necróticas com bordos castanhos escuros nas folhas (Bubak, 1906; Enikuomrhin, 2006; Bhandari *et al.,*2014; Avan. M,2021).

GESTÃO:

Tiofanato-metilo ou benomil (Singh, 2006), aplicação no solo de bagaço de nim + resíduos de folhas de *eucalipto*, óleo de nim ou extrato de sementes de nim + bagaço de nim e *Pseudomonas fluorescens* (Arumugam *et al.,* 2010) são medidas sugeridas.

28.4 DOENÇA: Podridão dos frutos

ORGANISMO CAUSAL: *Phomopsis phyllanthi*

SINTOMAS:

Os frutos apresentam sintomas de podridão húmida (Shukla *et al.*,2006; Singh *et al.*,2011; Avan. M,2021).

GESTÃO:

O mancozebe pode ser aplicado para o seu controlo.

28.5 DOENÇAS: Murchidão

ORGANISMOS CAUSAIS: *Fusarium* sp.

SINTOMAS:

As plantas desvanecem-se e aparece um crescimento cotonoso à volta da raiz principal (Nelson *et al.*,1960; Gupta *et al.*,2004; Dung *et al.*,2010; Ziedan *et al.*,2010; Avan. M,2021).

GESTÃO:

Benomyl (Szezeponek e Mazur, 2006) ou mancozeb ou carbendazim (Mondal *et al.*,2018), *Trichoderma viride Pseudomonas + fluorescens* (Senthamarai *et al.*,2008), *Bacillus subtilis* (Elewa *et al.*,2011) ou *Trichoderma viride* (Mondal *et al.*,2018) podem ser sugeridos.

29. PLANTAS: *Eupatorium triplinerve* Vahl.

Família: Asteraceae

29.1 DOENÇA: Mancha da folha

ORGANISMO CAUSAL: *Cercospora* sp.

SINTOMAS:

Aparecimento de manchas bronze arroxeadas em toda a superfície superior das folhas e estas tornam-se gradualmente curvadas da ponta para baixo. O nível de infestação parece muito elevado no campo e a sua ocorrência pode ser notada durante todo o período de cultivo, sendo máxima durante dezembro de 2022 - janeiro de 2023. A ocorrência desta doença era anteriormente desconhecida nesta planta (observação pessoal dos autores).

GESTÃO:

A pulverização de fungicidas como o mancozeb e o carbendazim são medidas sugeridas.

30. PLANTA: *Gloriosa superba* L.

Família: Colchicaceae

30.1 DOENÇAS: Ferrugem da folha

ORGANISMO CAUSAL: *Alternaria alternata*

SINTOMAS:

Os sintomas da doença aparecem com pequenas manchas acastanhadas nas folhas, que mais tarde se transformam em anéis concêntricos. Essas manchas fundem-se para dar um aspeto de ferrugem (Maiti *et al.*,2007; Marimuthu *et al.*,2018).

GESTÃO:

Para o seu controlo, podem ser aplicados mancozebe e carbendazime.

30.2 DOENÇAS: Podridão radicular

ORGANISMO CAUSAL: *Macrophomina phaseolina*

SINTOMAS

Os sintomas caraterísticos incluem o apodrecimento das raízes e o amarelecimento das folhas, seguido do desenvolvimento de lesões escuras nos caules, bem como de corpos escleróticos negros. As raízes começam a apodrecer (Marimuthu *et al.*,2018). A perda de rendimento varia entre 50%-60% (Meena e Rajamani, 2016).

GESTÃO:

Podem ser aplicados mancozebe e oxicloreto de cobre.

31. PLANTA: *Gymnema sylvestre* (Retz.) Schult.

Família:

31.1 DOENÇA: Mancha da folha

ORGANISMO CAUSAL: *Colletotrichum gloeosporioides*

SINTOMAS:

Aparecem pontos minúsculos pretos ou castanhos rodeados por anéis verdes pálidos que surgem em ambas as superfícies das folhas. Mais tarde, as manchas tornam-se branco-acinzentadas rodeadas por uma faixa castanha profunda. As frutificações do fungo aparecem como pequenos pontos pretos no centro branco. As manchas doentes espalham-se pela folha e, na altura da maturidade, tornam-se irregulares. Posteriormente, os tecidos da folha secam e aparecem grandes manchas castanhas nas folhas secas (Krishnamurthi,2016; Sweta & Sundararaj,2022).

GESTÃO:

Pulverizar a planta infetada com 3gm de enxofre solúvel em água em 1L de água em intervalos de 10-15 dias para controlar a doença (Krishnamurthi, 2016).

31.2 DOENÇA: Mancha da folha

ORGANISMO CAUSAL: *Pseudomonas syringae*

SINTOMAS

Observam-se pequenas lesões angulares encharcadas de água nas superfícies das folhas, que aumentam com a infestação. As lesões aumentam, tornam-se bronzeadas a castanhas claras rodeadas por halos cloróticos (Koike *et al.*,2017; Sweta & Sundararaj,2022).

GESTÃO:

A aplicação de extrato de ervas marinhas (*Sargassum wighii*) controlará a doença, uma vez que o extrato destas plantas tem propriedades antimicrobianas (Chinnadurai *et al.*,2008).

31.3 DOENÇAS: Oídio

ORGANISMO CAUSAL: Desconhecido

SINTOMAS:

Os sintomas ocorrem na superfície inferior das folhas e, em caso de infestação grave, os sintomas podem aparecer também na superfície superior das folhas (Krishnamurthi,2016; Sweta & Sundararaj,2022).

GESTÃO:

A pulverização de enxofre solúvel em água 3gm em 1L de água em intervalos de 10-15 dias controlará esta doença (TNAU AgriTech Portal. Crop Protection. Gymnema,2022).

32. PLANTA: *Hibiscus rosa-sinensis* L.

Família:

32.1 DOENÇA: Antracnose

ORGANISMO CAUSAL: *Colletotrichum gloeosporioides (Glomerella cingulate)* (Rivera *et al.*,2000)

SINTOMAS

A planta infetada apresenta manchas castanho-amareladas ou castanho-escuras sobre uma auréola amarela clorótica nas folhas. Os sintomas aumentam com o progresso da doença, levando à coalescência das manchas e, gradualmente, as folhas secam (Rivera *et al.*,2000; Sweta & Sundararaj,2022).

GESTÃO:

Sugere-se a pulverização da calda bordalesa a 1% ou a pulverização de carbendazim ou mancozeb a 0,1% no início das chuvas de monção. A adoção da gestão integrada da nutrição, a pulverização de *Pseudomonas fluorescens* com um intervalo de 3 semanas ou a imersão em solução de benomil a 500 ppm durante 5 minutos são recomendações importantes para a gestão da doença (TNAU Agritech Portal. Crop Protection. Mango,2022).

32.2 DOENÇA: bacteriana da folha

ORGANISMO CAUSAL: *Pseudomonas*

SINTOMAS

Aparecem lesões de 2-10 mm de diâmetro com bordos de duas cores. As lesões tornam-se necróticas e o centro é rodeado por uma auréola amarelada. Estas lesões tornam-se bronzeadas a esbranquiçadas e caem. A desfoliação prematura também pode ocorrer devido a manchas graves. As flores, o pecíolo e o caule não são afectados (Scot,2011; Sweta & Sundararaj,2022).

GESTÃO:

As medidas sugeridas para a gestão são o cultivo de estacas livres da doença, a manutenção de um saneamento adequado, a prática da poda e a remoção dos ramos afectados, a minimização da humidade das folhas, a manutenção de um arejamento adequado do solo e a garantia de um espaçamento adequado entre as plantas e a realização de culturas intercalares, etc., são sugeridas para o controlo desta doença.

32.3 DOENÇAS: Botrytis blight

ORGANISMOS CAUSAIS: *Botrytis cinerea*

SINTOMAS

As lesões aparecem nas pontas dos caules, mas não nas folhas. Estas lesões voltam-se gradualmente para baixo e os caules doentes são colonizados por *Colletotrichum gloeosporioides*. Muitas vezes, as flores ficam danificadas (Rivera *et al.*,2002; Sweta & Sundararaj,2022).

GESTÃO:

Para evitar a humidade, é necessário manter um bom arejamento à volta da planta. A aplicação de um fungicida adequado, a remoção das plantas doentes e a aplicação de fungicida a intervalos regulares são recomendadas para a gestão da doença (Michigan State University. Botrytis blight [Internet],2022).

32.4 DOENÇA: Choanephora blight

ORGANISMO CAUSAL: *Choanephora infundibulifera*

SINTOMAS:

As flores apresentam manchas púrpura-avermelhadas que, mais tarde, cobrem a totalidade das flores. As lesões infectadas tornam-se encharcadas de água, castanho-avermelhadas e começa a apodrecer o tecido (Park *et al.*,2014; Sweta & Sundararaj,2022).

GESTÃO:

A aplicação de bicarbonato de potássio ou hidróxido de cobre ou mancozeb pode ser feita para o controlo da doença (The Connecticut Agricultural Experiment Solution. Plant Pest Handbook-A Guide,2022). Remoção das flores infectadas, evitando molhar as flores no momento da rega. Manter um espaçamento adequado entre as plantas são algumas sugestões para o seu controlo.

32.5 DOENÇA: Morrer para trás

ORGANISMOS CAUSAIS: *Botrytis* sp. e *Erwinia* sp

SINTOMAS:

A coloração do caule é alterada devido ao apodrecimento, podendo ser castanho claro. Murchamento. As folhas apresentam murchidão devido ao não transporte de água através das raízes apodrecidas (Hidden Valley Hibiscus. Dieback [Internet],2022; Sweta & Sundararaj,2022).

GESTÃO:

A aplicação de biocida de cobre no caule apodrecido controlará esta doença (Hidden Valley Hibiscus. Dieback [Internet],2022). A remoção dos caules infectados e a deteção precoce da doença são essenciais.

32.6 DOENÇA: Vassoura-de-bruxa do hibisco

ORGANISMO CAUSAL: *Candidatus* Phytoplasma

SINTOMAS:

(Universidade da Califórnia, Agricultura e Recursos Naturais. Garden Plants disease [Internet],2022; Sweta & Sundararaj,2022). A folha afetada apresenta um efeito de vassoura-de-bruxa, os rebentos ficam deformados e certas flores ficam com manchas.

GESTÃO:

Sugere-se o controlo cultural necessário, incluindo a poda (University of California Agriculture & Natural Resources. Garden Plants disease [Internet],2022).

32.7 DOENÇAS: Ferrugem da folha

ORGANISMO CAUSAL: *Nigraspora sphaerica*

SINTOMAS

As lesões castanhas de forma irregular aparecem na margem ou na ponta da folha e, mais tarde, expandem-se na região mediana das nervuras. Estas folhas são totalmente destruídas. A folha atacada torna-se acinzentada a castanha escura e murcha (Sweta & Sundararaj,2022).

GESTÃO:

Pode ser aplicado mancozebe 1kg ou iprobenfos 500ml ou carbendazim 250g/ha (TNAU AgriTech Portal. Proteção das culturas. Cpdisgraindis,2022).

32.8 DOENÇAS: Oídio

ORGANISMO CAUSAL: *Podosphaera* sp.

SINTOMAS

As folhas ficam imediatamente cobertas de manchas brancas. Estas tornam-se cinzentas e bronzeadas e toda a folha fica coberta de fungos. Isto provoca um atraso no crescimento e o murchamento das folhas (Gardening Know How. Hibiscus Has White Fungus,2022; Sweta & Sundararaj,2022).

GESTÃO:

A rega deve ser efectuada na base da planta e não nas folhas. Deve evitar-se a utilização de fertilizantes azotados. A parte afetada deve ser removida/destruída. Deve-se aplicar uma mistura de óleo de neem e água na proporção de 2 colheres de sopa de óleo de neem em 3,785L de água (Gardening Know How. Hibiscus Has White Fungus,2022).

32.9 DOENÇA: Ferrugem

ORGANISMO CAUSAL: *Kuehneola malvicola*

SINTOMAS:

Inicialmente, aparecem minúsculas manchas castanho-alaranjadas na superfície inferior das folhas, enquanto na superfície superior aparecem manchas amarelo-alaranjadas que não formam pústulas como no caso da superfície inferior das folhas. Também ocorre uma desfoliação prematura (McRitchie,1996; Sweta & Sundararaj,2022).

GESTÃO:

A manutenção de um saneamento adequado e a aplicação de um fungicida apropriado permitirão controlar esta doença (McRitchie,1996).

32.10 DOENÇA: Murchidão

ORGANISMOS CAUSAIS: *Fusarium oxysporum* e *Verticillium* sp.

SINTOMAS

A folha afetada apresenta murchidão seguida de morte. As folhas verdes tornam-se gradualmente escuras com o início da murchidão. A doença da murchidão afecta toda a planta (Hidden Valley Hibiscus. Dieback [Internet],2022; Sweta & Sundararaj,2022).

GESTÃO:

A aplicação de 500 g de pó branqueador em 2 L de água morna e a remoção das plantas murchas (Hidden Valley Hibiscus. Dieback [Internet],2022) serão eficazes.

33. PLANTA: *Humulus lupulus* L.

Família:

33.1 DOENÇA: Míldio

ORGANISMO CAUSAL: *Pseudoperonospora humuli*

SINTOMAS:

Lesões necróticas com coloração amarela a castanha clara ocorrem nas folhas (Sain e Sharma,1999; Garibaldi *et al.*, 2004; Landa *et al.*,2005; Humphreys-jones *et al.*,2008; Lopez-Guisa *et al.*,2013; Avan. M, 2021).

GESTÃO:

Mancozeb (Jat *et al.*,2015), metalaxil (Yadav *et al.*,2010), mandipropamida, azoxistrobina e acibenzolar-s-metil (Gilardi *et al.*,2013) , *Streptomyces lydicus*, *Bacillus amyloliquefaciens* estirpe D747, bicarbonato de potássio e dióxido de hidrogénio (Wyenandt *et al.*,2015) são alguns dos produtos químicos sugeridos para o seu controlo.

33.2 DOENÇAS: Oídio

ORGANISMO CAUSAL: *Podosphaera macularis*

SINTOMAS

Nas folhas, aparecem manchas cloróticas e descoloração acastanhada. As folhas afectadas ficam enroladas e dobram-se para o caule (Valiyeva *et al.*,2004; Kalra *et al.*,2005; Humphreys-Jones *et al.*,2008; Thines *et al.*,2009; Baradaran *et al.*,2012; Venegas-Portilla *et al.*,2020; Avan. M,2021).

GESTÃO:

Para o seu controlo podem ser aplicados fungicidas à base de boscalide+ piraclostrobina, mandipropamida e cobre (Minuto *et al.*,2012), óleo essencial de tomilho e cravinho (Salamone *et al.*,2009).

33.3 DOENÇA: Murchidão

ORGANISMOS CAUSAIS: *Verticillium nonalfalfae, V. alba-atrum*

SINTOMAS:

As plantas começam a desvanecer-se com o aparecimento de crescimento cotonoso à volta da raiz principal (Nelson *et al.*,1960; Gupta *et al.*,2004; Dung *et al.*,2010; Ziedan *et al.*,2010; Avan. M,2021).

GESTÃO:

Benomyl (Szezeponek e Mazur, 2006) ou mancozeb ou carbendazim (Mondal *et al.*,2018), *Trichoderma viride* + *Pseudomonas fluorescens* (Senthamarai *et al.*,2008), *Bacillus subtilis* (Elewa *et al.*,2011) ou *Trichoderma viride* (Mondal *et al.*,2018) são algumas sugestões para o seu controlo.

34. PLANTA: *Hyoscyamus* spp. L.

Família:

34.1 DOENÇA: Mancha foliar de Alternaria

ORGANISMO CAUSAL: *Alternaria alternata*

SINTOMAS:

Os sintomas da doença são manchas circulares castanhas escuras que aparecem nas folhas infectadas (Xiaoyin,1982; Kumar *et al.*,1984; Kishore *et al.*,1985; Kalra *et al.*,2005; Taba *et al.*,2009; Garibaldi *et al.*,2011; Zimowska,2015; Avan. M,2021).

GESTÃO:

Propineb (Parashurama e Shivanna,2013), mancozeb+ propiconazole (DMAPR,2012), benomyl, mancozeb, carbendazim (Singh,2006), *Trichoderma viride* (Chauhan e Ravi,2020), extrato de neem (Guleria e Kumar,2006), etc. serão medidas de controlo eficazes.

35. PLANTA: *Kalanchoe pinnata* (Lam.) Pers.

Família:

35.1 DOENÇAS: Ferrugem da folha

ORGANISMO CAUSAL: *Cercospora* sp.

SINTOMAS:

Esta doença foi detectada entre janeiro e fevereiro de 2023, onde se observou que algumas das folhas desta planta se tornaram castanhas arroxeadas e onde foi examinada contra uma fonte de luz. A folha tinha um aspeto rosado na parte basal da folha e depois observaram-se manchas negras. Ao contrário das folhas não afectadas, que eram profundamente esverdeadas. Assim, a planta doente podia ser facilmente identificada. Antes disso, a ocorrência da doença era desconhecida na Índia (observação pessoal dos autores).

GESTÃO:

Para o seu controlo, podem ser aplicados mancozebe, carbendazime e calda bordalesa.

36. PLANTAS: *Lavandula* spp. L.

Família:

36.1 DOENÇA: Amortecimento

ORGANISMOS CAUSAIS: *Rhizoctonia solani, Botrytis cinerea, Alternaria alternata, Colletotrichum* spp.

SINTOMAS

As plântulas infectadas tornam-se amarelas e a planta entra em colapso (Kishore *et al.*,1985; Alam *et al.*,1996; Carkaci e Maden,1998; Li *et al.*,2008; Barguil *et al.*,2009; Avan. M,2021).

GESTÃO:

São sugeridos o mancozebe, o oxicloreto de cobre e o carbendazime (Mondal *et al.*,2018), *Trichoderma* spp. (Mondal *et al.*,2018).

36.2 DOENÇA: Podridão radicular

ORGANISMOS CAUSAIS: *Phythophthora nicotianae, P. palmivora, P. cinnamomic, P. cactorum*

SINTOMAS

Os sintomas incluem o amarelecimento das folhas, a secagem das plantas e o crescimento de micélio na região do colo das plantas (Subbiah *et al.,*1996; Boby e Bagyaraj, 2003; Kamalakannan *et al.,*2006; Zimowska,2008; Martini *et al.,*2009; Govindappa *et al.,*2010; Ziedan *et al.,*2010; Zimowska,2015; Aganer e Cere,2017; Avan. M,2021).

GESTÃO:

Aplicação de mancozeb, oxicloreto de cobre (Mondal *et al.*,2018), carbendazim + mancozeb (Ingle *et al.*,2014). *Trichoderma harzianum* (Govindapa *et al.*,2010) *T. viride*+ *Pseudomonas fluorescens* (Ingle *et al.*,2014) e *Glomus fasciculatum* (Mondal *et al.*,2018) são a recomendação da disea se .

36.3 DOENÇA: Podridão do caule

ORGANISMOS CAUSAIS: *Phytophthora nicotianae, P. palmivora, P. innamomic, P. cactorum*

SINTOMAS:

Nas plantas infetadas aparecem lesões esverdeadas pálidas embebidas em água e essas plantas tornam-se fracas (Trujillo *et al.*,1988; Burns e Benson,2000; Elena,2006; Oogi *et al.*,2009; Martini *et al.*, 2009; Zimowska,2015; Samouel *et al.*,2016; Avan. M,2021).

GESTÃO:

Carbendazim ou mancozeb (Mondal *et al.*,2018), *Trichoderma viride*+ *Pseudomonas fluorescens* e *Bacillus subtilis* (Kamalakannan *et al.*,2003) farão um controlo eficaz.

36.4 DOENÇA: Murchidão

ORGANISMOS CAUSAIS: *Fusarium sporotrichioides, F. oxysporum, F. solani, Sclerotinia sclerotiorum*

SINTOMAS:

As plantas começam a desvanecer-se com o aparecimento de crescimento cotonoso à volta da raiz principal (Nelson *et al.*,1960; Gupta *et al.*,2004; Dung *et al.*,2010; Ziedan *et al.*,2010; Avan. M,2021).

GESTÃO:

Benomyl (Szezeponek e Mazur, 2006) ou mancozeb ou carbendazim (Mondal *et al.*,2018). *Trichoderma viride Pseudomonas + fluorescens* (Senthamarai *et al.*,2008), *Bacillus subtilis* (Elewa *et al.*,2011) ou *Trichoderma viride* (Mondal *et al.*,2018) são medidas sugeridas.

37. PLANTAS: *Lawsonia inermis* L.

Família: Lythraceae

37.1 DOENÇA: Mancha foliar de Curvularia

ORGANISMO CAUSAL: *Curvularia lunata*

SINTOMAS:

Em caso de ataque severo, toda a folha fica coberta por uma estrutura negra semelhante a um bolor, que cobre totalmente a superfície superior da folha como uma mancha negra. Na superfície inferior da folha, aparecem manchas negras dispersas em ambos os lados da nervura central. Os sintomas foram observados em fevereiro de 2023 (observação pessoal dos autores).

GESTÃO:

Podem ser aplicados mancozebe e calda bordalesa.

38. PLANTAS: *Mentha arvensis* **L.**

Família:

38.1 DOENÇAS: Praga aérea

ORGANISMO CAUSAL: *Rhizoctonia solani*

SINTOMAS

Os sintomas típicos do míldio aparecem nas plantas infectadas. As partes plantadas de perto, bem como as plantas após a colheita, são mais afectadas. (Kalra *et al.*,2008, Mondal *et al.*,2018).

GESTÃO:

O mancozebe e o carbendazime são também sugeridos para controlo.

38.2 DOENÇA: Antracnose

ORGANISMO CAUSAL: *Sphaceloma menthae*

SINTOMAS

Devido ao ataque da doença, a produção de hortelã e hortelã-pimenta diminui e as plantas sofrem desfoliação (Mondal *et al.*,2018).

GESTÃO:

Pode ser aplicado oxicloreto de cobre.

38.3 DOENÇA: Podridão do colarinho

ORGANISMO CAUSAL: *Sclerotium rolfsii*

SINTOMAS:

As plantas que crescem em solos pesados são mais susceptíveis ao ataque da doença. Inicialmente, ocorre o amarelecimento e a murchidão da planta e, numa fase avançada, desenvolvem-se corpos de esclerócio semelhantes a mostarda (Kalra *et al.*,2008, Mondal *et al.*,2018).

GESTÃO:

Sugere-se a utilização de um agente de biocontrolo como o *Trichoderma*, uma lavoura profunda de verão e um sistema de drenagem adequado.

38.4 DOENÇA: Mancha foliar de Corynespora

ORGANISMO CAUSAL: *Corynespora cassiicola*

SINTOMAS:

Manchas necróticas castanho-amareladas aparecem nas folhas com halo clorótico (Shukla *et al.*,2000; Garibaldi *et al.*,2007; Avan. M,2021).

GESTÃO:

Podem ser aplicados Mancozeb (DMAPR, 2014), *Pseudomonas* sp. + ácido salicílico + pó de folhas de *Clerodendron inerme* (DMAPR, 2014).

38.5 DOENÇA: Mancha foliar de Curvularia

ORGANISMO CAUSAL: *Curvularia lunata*

SINTOMAS:

No caso da doença, aparecem manchas minúsculas de cor castanha suja nas folhas, que se tornam esféricas. Numa fase posterior, o tamanho aumenta e estão dispostas de forma irregular. Os sintomas são mais comuns nas folhas da copa inferior. Algumas partes das folhas tornam-se cloróticas, murchando posteriormente. (Mondal *et al.*,2018). Aparecem lesões necróticas de cor castanha escura nas folhas (Thaung,2008; Bhagat *et al.*,2014; Avan. M,2021).

GESTÃO:

A mistura de mancozebe e bordeaux (Smitha *et al.*,2014) e os fungicidas mancozebe (Mondal *et al.*,2018) podem ser sugeridos para o seu controlo.

38.6 DOENÇAS: Oídio

ORGANISMO CAUSAL: *Erysiphe cichoracearum*

SINTOMAS

Os sintomas incluem o aparecimento de bolhas elevadas nas folhas, que ficam cobertas por uma massa pulverulenta branca. A distorção da planta, se existir, não é visível. Aparecem manchas brancas de crescimento fúngico nos estolhos verdes do caule, que podem cobrir toda a superfície. (Kalra *et al.*,2008, Mondal *et al.*,2018). Nas folhas, aparecem manchas cloróticas e descoloração acastanhada nas folhas afectadas. Essas folhas ficam enroladas e dobram-se para o caule (Valiyeva *et al.*,2004; Kalra *et al.*,2005; Humphreys-Jones *et al.*,2008; Thines *et al.*,2009; Baradaran *et al.*,2012; Venegas-Portilla *et al.*,2020; Avan. M,2021).

GESTÃO:

Boscalid+ piraclostrobina, mandipropamida e fungicidas à base de cobre (Minuto *et al.*,2012), enxofre molhável (Mondal *et al.*,2018), óleo essencial de tomilho e cravinho (Salamone *et al.*,2009) são medidas sugeridas.

38.7 DOENÇA: Ferrugem

ORGANISMO CAUSAL: *Puccinia menthae*

SINTOMAS: De acordo com Kalra *et al.*,2008, os sintomas da doença aparecem como pústulas castanhas escuras seguidas de queda da folha. As bolhas também se desenvolvem paralelamente ao eixo longitudinal das folhas. A cobertura epidérmica das pústulas rompe-se e os uredósporos vermelho-tijolo saem. Em caso de infestação intensa, pode também ocorrer desfoliação. (Mondal *et al.*,2018). A superfície inferior das folhas apresenta uma mancha vermelha amarelada com pústulas ferruginosas (Jones,1972; Koike *et al.*,1998; Kalra *et al.*,2005; Saber *et al.*,2009; Soni *et al.*,2011; Afsahan *et al.*,2012; Avan, M.2021).

GESTÃO:

Controlo: Recomenda-se a aplicação de tebuconazol, mancozeb, propiconazol e diclobutazol (Mondal *et al.,*2018) e também a aplicação de enxofre/oxicloreto de cobre (Singh,2006), clorotalonil (Douglas,2003; Moorman,2017), trifloxistrobina/propiconazol (Mekonnen e Manahlie,2018). Sugere-se uma lavoura profunda de verão e um sistema de drenagem adequado (Mondal *et al.,*2018). *Bacillus subtilis, Trichoderma harzianum* (Saber *et al.,*2009), extractos de *Maesa lanceolata* e *Milletia ferruginea* (Mekonnen *et al.,*2014) são as medidas de controlo comuns.

38.8 DOENÇA: Sclerotinia blight

ORGANISMO CAUSAL: *Sclerotinia sclerotiorum*

SINTOMAS:

O micélio de crescimento branco e cotonoso aparece nos caules na região do colo. Subsequentemente, a decomposição dos estolhos começa nas partes aéreas da planta. Em condições de elevada humidade, aparecem micélios brancos e fofos em diferentes partes da planta. As plantas infectadas têm um aspeto castanho chocolate e também apresentam sintomas de morte. (Kalra *et al.,*2008; Mondal *et al.,*2018). Esta doença também foi registada por Garibaldi *et al.,*2013 e Avan. M,2021.

GESTÃO:

Sugere-se a utilização de agentes de biocontrolo como *Trichoderma harzianum* e *Gliocladium virens* (Mondal *et al.,*2018).

38.9 DOENÇA: Caule e rizoma

ORGANISMO CAUSAL: *Phoma strasseri*

SINTOMAS:

O avermelhamento das folhas, o atraso no crescimento e a murchidão da planta são sintomas comuns desta doença. A infeção ocorre normalmente no caule, logo acima da superfície do solo, formando cancros afundados que, mais tarde, circundam o caule e estes coalescem. Podem aparecer lesões negras no rizoma (Kalra *et al.,*2008, Mondal *et al.,*2018).

GESTÃO:

Podem ser aplicados mancozebe e carbendazime.

38.10 DOENÇA: Podridão dos estolhos

ORGANISMOS CAUSAIS: *Rhizoctonia solani* & *R. bataticola*

SINTOMAS:

O aparecimento de uma mancha amarelada seguida da morte da planta são sintomas comuns desta doença. Aparecem lesões castanho-rosadas nos estolhos subterrâneos, que gradualmente se transformam em manchas castanhas escuras ou pretas. (Kalra *et al.*,2008, Mondal *et al.*,2018).

GESTÃO:

São também sugeridos o mancozebe e o carbendazime.

38.11 DOENÇA: Podridão dos estolhos

ORGANISMO CAUSAL: *Thielavia basicola*

SINTOMAS:

Inicialmente, a doença é detectada em solos com elevado teor de humidade. O estolho apresenta a típica murchidão das plantas. (Kalra *et al.*,2008, Mondal *et al.*,2018).

GESTÃO:

Para evitar a propagação de doenças, recomenda-se a utilização de estolhos saudáveis e isentos de doenças.

38.12 DOENÇA: Murchidão

ORGANISMO CAUSAL: *Verticillium alba-atrum* var. *menthae*

SINTOMAS:

De acordo com Kalra *et al.*,2008, os sintomas da doença revelam nanismo, ramificação unilateral e murchidão. A propagação da doença ocorre quando os estolhos infectados são utilizados durante a propagação. (Mondal *et al.*,2018).

GESTÃO:

Sugere-se a utilização de agentes de biocontrolo como *Trichoderma harzianum* e *Gliocladium virens*.

39. PLANTA: *Mentha* **sp.** L.

Família:

39.1 DOENÇA: Alternaria leaf blight

ORGANISMO CAUSAL: *Alternaria alternata*

SINTOMAS

A folha afetada apresenta lesões irregulares necróticas castanhas em torno de um halo clorótico (Rai e Tetrawal, 2010; Thakur e Harsh, 2014; Avan. M, 2021).

GESTÃO:

Mancozeb (Mondal *et al.,* 2010a; Jat *et al.,* 2015), mistura de bordeaux (Smitha *et al.,* 2014), oxicloreto de cobre, carbendazim (Singh, 2006), extrato de *Ocimum sanctum, Zingiber officinale, Datura metel* ou *Mentha spicata* (Mondal *et al.,* 2010a), etc. serão medidas de controlo eficazes.

39.2 DOENÇA: Mancha foliar de Alternaria

ORGANISMO CAUSAL: *Alternaria alternata*

SINTOMAS

Aparecimento de manchas castanhas escuras na superfície superior das folhas, que podem ser numerosas e que se desenvolvem num padrão de anéis concêntricos. Numa fase posterior, as manchas coalescem para formar um aspeto irregular. O caule também é afetado e os campos ficam com um aspeto de queimado. A estação das monções é a altura favorável para a doença. (Kalra *et al.,*2008, Mondal *et al.,*2018).

A folha infetada apresenta manchas circulares castanhas escuras (Xiaoyin,1982; Kumar *et al.,*1984; Kishore *et al.,*1985; Kalra *et al.,*2005; Taba *et al.,*2009; Garibaldi *et al.,*2011; Zimowska,2015; Avan. M,2021).

GESTÃO:

Fungicida de cobre (Mondal *et al.,*2018), propineb (Parashurama e Shivanna,2013), mancozeb + propiconazole (DMAPR,2012), benomyl, mancozeb, carbendazim (Singh,2006), *Trichoderma viride* (Chauhan e Ravi,2020), extrato de neem (Guleria e Kumar,2006) são medidas sugeridas.

39.3 DOENÇA: Antracnose

ORGANISMO CAUSAL: *Sphaceloma menthae*

SINTOMAS:

As lesões típicas da antracnose aparecem nas folhas e aumentam com o progresso da doença (Sattar *et al.,* 2002; Singh *et al.,* 2004; Ayvar-Serna *et al.,* 2020; Avan. M,2021).

GESTÃO:

Podem ser aplicados carbendazim (Prakash,2012), mancozebe ou mistura de bordeaux (Mondal *et al.,*2018).

39.4 DOENÇA: Podridão do colarinho

ORGANISMO CAUSAL: *Sclerotium rolfsii*

SINTOMAS:

A clorose aparece nas folhas inferiores e mais tarde aparecem pequenas lesões necróticas castanhas na zona do colo da planta (*Singh et al.,*2001; Trivedi *et al.,*2006; Avan. M,2021).

GESTÃO:

Carbendazim, tiofanato-metilo (TNAU,2013), mancozebe (Mondal *et al.,*2018), *Trichoderma harzianum* (Singh e Singh,2004) são recomendados para o controlo desta doença.

39.5 DOENÇA: Rhizoctonia leaf blight

ORGANISMO CAUSAL: *Rhizoctonia solani*

SINTOMAS:

Manchas irregulares encharcadas de água da folha espalhadas para dentro (Mehrotra e Thapar,1990; Shukla *et al.,*1993; Kalra *et al.,*2005; Sato *et al.,*2010; Aktaruzzaman *et al.,*2015; Avan. M,2021).

GESTÃO:

Mancozeb, carbendazim (Mondal *et al.,*2018) , *Trichoderma*+ fertilizante orgânico (Mondal *et al.,*2018) dará um bom controlo.

39.6 DOENÇA: Podridão dos estolhos

ORGANISMOS CAUSAIS: *Macrophomina phaseoli, Rhizoctonia solani, R. bataticola, Thielavia basicola*

SINTOMAS

A doença mostra o desvanecimento do estolho e a podridão começa numa fase posterior (Kalra *et al.*,2008; Mondal *et al.*,2018; Avan. M,2021).

GESTÃO:

Mancozeb ou carbendazim (Mondal *et al.*,2018) ou captan (Szezeponek e Mazur,2006), *Trichoderma harzianum* e *T. viride* ou *Pseudomonas fluorescens* (Kamalakannan *et al.*,2003) são medidas sugeridas.

39.7 DOENÇA: Murchidão

ORGANISMO CAUSAL: *Verticillium alba-atrum,* Var. *menthae*

SINTOMAS

As plantas desvanecem-se e aparece um crescimento cotonoso à volta da raiz principal (Nelson *et al.*,1960; Gupta *et al.*,2004; Dung *et al.*,2010; Ziedan *et al.*,2010; Avan. M,2021).

GESTÃO:

Benomyl (Szezeponek e Mazur, 2006) ou mancozeb ou carbendazim (Mondal *et al.*,2018), *Trichoderma viride* + *Pseudomonas fluorescens* (Senthamarai *et al.*,2008), *Bacillus subtilis* (Elewa *et al.*,2011) ou *Trichoderma viride* (Mondal *et al.*,2018) são os métodos de controlo comuns.

40. PLANTA: *Morinda citrifolia* L.

Família:

40.1 DOENÇA: Antracnose

ORGANISMO CAUSAL: *Colletotrichum gloeosporioides*

SINTOMAS

Os sintomas incluem uma mancha foliar difusa com sintomas de bronzeado escuro e margens irregulares. Mais tarde, surgem anéis de lesão concêntricos na mancha alvo. Posteriormente, as lesões coalescem e as manchas ficam deformadas. Os sintomas manifestam-se mais na parte inferior da copa das folhas. Não aparecem sintomas nos frutos e no caule

(The Noni Website. College of Tropical Agriculture and Human Resources,2022) (Sweta & Sundararaj,2022).

GESTÃO:

A parte importante da gestão inclui a gestão da humidade, assegurando bons sintomas de drenagem juntamente com a deservagem. A pulverização de *Pseudomonas fluorescens* ou *Bacillus subtilis* também é eficaz (Rajavel,2000). O extrato de folhas de Datura, Ocimum, Polyalthia também mostrou um efeito tóxico para os fungos (Shivapuri *et al.*,1997). Para além disso, *Trichoderma asperellum, T. viridae, T. harzianum* ou *T. longibrachiatum* podem inibir o crescimento micelial de *Colletotrichum capsici* (Mishra *et al.*,2017). O tratamento de sementes com zineb 2,5kg/ha também será eficaz.

40.2 DOENÇAS: Bandeira negra e do caule, das folhas e dos frutos

ORGANISMOS CAUSAIS: *Phytophthora* sp., *Sclerotium*

SINTOMAS

No caso da doença da bandeira negra, as caraterísticas incluem a bandeira negra das folhas infectadas, que mostram murchidão e aparência necrótica completa com pecíolos e caules enegrecidos. Na fase mais avançada da doença, todo o caule e pecíolo colapsam com podridões moles progressivas. Na fase avançada, a infestação dos frutos resulta em múmias de frutos secos e enrugados que podem apresentar várias superfícies (Scot & Zoila,2010; Sweta & Sundararaj,2022).

GESTÃO:

A monitorização regular da doença, a poda, a remoção e a destruição das partes doentes das plantas, a promoção de uma boa circulação de ar na copa das plantas de noni, a redução da humidade relativa na copa das plantas de noni e a manutenção de uma boa nutrição das plantas são alguns dos métodos sugeridos para o controlo desta doença (Scot & Zoila,2010).

40.3 DOENÇA: Podridão seca dos frutos

ORGANISMOS CAUSAIS: *Alternaria alternata, Phytophthora morinda* e *Colletotrichum gloeosporioides*

SINTOMAS:

Os sintomas da doença aparecem na flor e nos frutos. As flores apresentam lesões castanhas baças. O exame das flores ao microscópio estéreo-binocular revela a presença de manchas necróticas castanhas no tubo da corola que aderem ao fruto do noni. Os ramos apresentam lesões castanhas necróticas. No caso dos frutos, aparecem pequenas manchas necróticas circulares, castanho-avermelhadas e afundadas. Subsequentemente, os frutos infectados encolhem, tornam-se secos e caem (Nakkeeran *et al.*,2013; Marimuthu *et al.*,2018).

GESTÃO:

O mancozebe pode ser aplicado para o controlo desta doença.

40.4 DOENÇAS: Murchidão de Fusarium

ORGANISMO CAUSAL: *Fusarium oxysporum* Schl.f.sp. *morindae* (Luo & Chen,1987)

SINTOMAS:

No caso da doença da murchidão, as folhas secam lentamente, mas nunca ficam amarelas e permanecem verdes. A doença ocorre durante o período quente e quando a temperatura do solo é de 80°F. a doença torna-se muito grave (Planet Natural. Fusarium Wilt,2022; Sweta & Sundararaj,2022).

GESTÃO:

A aplicação de mycostop (1-2gm/100sq.ft) pode ser adoptada para o controlo da doença. A aplicação excessiva de azoto deve ser evitada e a deservagem, com herbicidas naturais, deve ser adoptada.

40.5 DOENÇAS: Ferrugem da folha

ORGANISMO CAUSAL: *Alternaria alternata* (Hubbali *et al.*,2010)

SINTOMAS:

Esta doença foi registada em Karnataka e Tamil Nadu e os sintomas incluem lesões negras escuras que mais tarde se fundem no centro. As lesões tornam-se escuras. O mesmo agente patogénico causa a podridão seca dos frutos (Nakkeeran *et al.*,2013; Marimuthu *et al.*,2018).

GESTÃO:

Podem ser aplicados mancozebe e carbendazime.

40.6 DOENÇA: Mancha da folha

ORGANISMO CAUSAL: *Cephaleuros minimus* (Alga patogénica) (The Noni Website. College of Tropical Agriculture and Human Resources,2022)

SINTOMAS

Aparência de manchas castanhas claras rodeadas por halos amarelos difusos. Não se trata de uma doença muito mortal (The Noni Website. College of Tropical Agriculture and Human Resources,2022; Sweta & Sundararaj,2022).

GESTÃO:

A manutenção de um saneamento adequado, a remoção da planta doente, a gestão da humidade, a humidade e o cultivo da planta noni a pleno sol são sugestões que devem ser feitas para o controlo desta doença (The Noni Website. College of Tropical Agriculture and Human Resources,2022).

40.7 DOENÇA: Doença por fitoplasma

ORGANISMO CAUSAL: Phytoplasma (organismos semelhantes a micoplasmas ou MLOs) (Davis *et al.*,2006)

SINTOMAS

A planta afetada apresenta anomalias no crescimento e na floração, apresentando sintomas de atrofiamento e morte (Davis *et al.*,2006; Sweta & Sundararaj,2022).

GESTÃO:

O controlo dos insectos vectores da doença por fitoplasma é muito importante, juntamente com uma monda adequada. A remoção das plantas infectadas e o desenvolvimento de plantas resistentes são recomendados para o controlo da doença.

40.8 DOENÇA: Podridão radicular

ORGANISMO CAUSAL: *Fusarium proliferatum*

SINTOMAS:

Normalmente, aparecem sintomas de amarelecimento e apodrecimento. As raízes tornam-se castanho-escuras a pretas, descoloradas e apresentam podridão (Thi *et al.*,2019; Sweta & Sundararaj,2022).

GESTÃO:

O tratamento das sementes com fungicida e a prática da rotação de culturas minimizam a ocorrência da doença. As condições de seca tornam as plantas mais susceptíveis a esta doença, pelo que devem ser evitadas (Crop watch. Fusarium Root Rot,2022).

40.9 DOENÇA: Podridão mole dos frutos

ORGANISMO CAUSAL: *Pantoea agglomerans*

SINTOMAS:

Os sintomas típicos incluem lesões castanhas embebidas em água nos frutos maduros e não maduros e, em 24-48 horas, as lesões espalham-se por todo o fruto. Os frutos infectados exalam um odor desagradável. Estes frutos caem (Nakkeeran *et al.*,2013; Marimuthu *et al.*,2018).

GESTÃO:

O carbendazime pode ser aplicado para o controlo desta doença.

40.10 DOENÇA: Bolor fuliginoso

ORGANISMO CAUSAL: Fuligem Causada por um fungo ubíquo, transmitido pelo ar (The Noni Website. College of Tropical Agriculture and Human Resources,2022).

SINTOMAS:

O aparecimento de bolor negro em pó na superfície superior da folha é um sintoma comum, mas não é de natureza patogénica (The Noni Website. College of Tropical Agriculture and Human Resources,2022; Sweta & Sundararaj,2022).

GESTÃO:

Os ataques de insectos que se alimentam de seiva, como afídeos, cochonilhas, etc., que ocorrem frequentemente na planta de noni, devem ser controlados. O vento forte e a chuva podem eliminar a fuligem das folhas (The Noni Website. College of Tropical Agriculture and Human Resources,2022).

40.11 DOENÇAS: Ferrugem do caule

ORGANISMOS CAUSAIS: *Sclerotium rolfsii* e nemátodos das galhas (The Noni Website. College of Tropical Agriculture and Human Resources,2022).

SINTOMAS

A clorose foliar ocorre acompanhada de murchidão e de cinzelamento do caule no solo ou perto dele. Para além disso, pode ocorrer necrose interna, podridão do caule, desfoliação e morte da planta (The Noni Website. College of Tropical Agriculture and Human Resources,2022; Sweta & Sundararaj,2022).

GESTÃO:

A plantação em zonas baixas deve ser evitada, deve ter um sistema de drenagem adequado, erradicar os nemátodos parasitas das plantas do campo e evitar o empilhamento de pedras na base da planta noni (The Noni Website. College of Tropical Agriculture and Human Resources,2022).

41. PLANTA: *Mucuna pruriens* (L.) DC

Família:

41.1 DOENÇA: Podridão do colo da plântula

ORGANISMO CAUSAL: Não identificado

SINTOMAS

As lesões aparecem localmente entre o caule e a raiz. As lesões desenvolvem-se no caule, formando um colar (Vikaspedia. *Mucuna pruriens*; Sweta & Sundararaj,2022).

GESTÃO:

A aplicação de 2 kg de trichorich (à base de *Trichoderma*) e *Pseudomonas fluorescens* misturados com 500 kg de FYM na região das raízes ajudará a livrar-se desta doença (Vikaspedia. *Mucuna pruriens*).

41.2 DOENÇAS: Ferrugem da folha

ORGANISMO CAUSAL: *Colletotrichum gleosporioides*

SINTOMAS:

O aparecimento de lesões castanhas escuras rodeadas por halos cloróticos são os sintomas iniciais desta doença. Estas lesões aumentam gradualmente de tamanho, tornam-se redondas ou irregulares e a cor torna-se cinzenta (Sweta & Sundararaj,2022).

GESTÃO:

Destruição da planta afetada e pulverização de calda bordalesa, que curará esta doença.

41.3 DOENÇA: Ferrugem

ORGANISMO CAUSAL: *Uromyces mucunae* (Chavan & Patil,1972; Pande & Rao,1998)

SINTOMAS:

Pequenas manchas negras irregulares aparecem nas folhas maduras. Mais tarde, estas tornam-se amareladas e coalescem, formando uma mancha nos caules. O tecido afetado mostra amolecimento e necrose e todas estas plantas morrem (Chavan & Patil,1972; Pande & Rao,1998; Sweta & Sundararaj,2022).

GESTÃO:

A aplicação de carbendazim 50WP @500g/ha ou tricyclozole 75WP @500g/ha (TNAU AgriTech Portal. Diseases of Paddy,2022) são medidas sugeridas. Remoção da planta infetada, aplicação de azoto em três doses (50% como doses basais e 25% durante a fase de perfilhamento e 25% N na fase de iniciação da panícula (TNAU AgriTech Portal. Diseases of Paddy,2022). A pulverização foliar com a formulação líquida TNAU pf 1 @500ml/ha de plântulas é reconhecida (Chavan & Patil,1972; Pande & Rao,1998).

41.4 DOENÇA: Velvet bean severe mosaic virus

ORGANISMO CAUSAL: Velvet bean severe mosaic virus (VbSMV) (Zaim *et al.*,2011)

SINTOMAS:

Aparecimento de manchas amarelas difusas nas folhas jovens que, mais tarde, produzem sintomas amarelados nas folhas mais velhas. A planta infetada apresenta uma germinação deficiente, mostrando clorose das nervuras primárias na superfície abaxial e espalhando as nervuras secundárias e terciárias para formar uma rede de nervuras verde-escuras, que são sintomas caraterísticos desta doença (Zaim *et al.*,2011; Sweta & Sundararaj,2022).

GESTÃO:

Sugere-se a utilização de cultivares resistentes.

42. PLANTA: *Murraya koenigii* (L.) Spring

Família: Rutaceae

42.1 DOENÇA: Manchas negras necróticas nas folhas

ORGANISMO CAUSAL: *Colletotrichum gloeosporoides*

SINTOMAS

As manchas necróticas aparecem de forma dispersa na superfície superior das folhas, mas não aparecem sintomas deste género na superfície inferior das folhas. Nalguns casos, as manchas coalescem e formam uma mancha negra (observação pessoal do autor).

GESTÃO:

Podem ser aplicados mancozebe, carbendazime e calda bordalesa.

43. PLANTA: *Ocimum basilicum* L.

Família:

43.1 DOENÇA: Mancha foliar de Alternaria

ORGANISMO CAUSAL: *Alternaria alternata*

SINTOMAS

A folha infetada apresenta manchas circulares castanhas escuras (Xiaoyin,1982; Kumar *et al.*,1984; Kishore *et al.*,1985; Kalra *et al.*,2005; Taba *et al.*,2009; Garibaldi *et al.*,2011; Zimowska,2015; Avan. M,2021).

GESTÃO:

Propineb (Parashurama e Shivanna,2013), mancozeb+ propiconazole (DMAPR,2012), benomyl, mancozeb, carbendazim (Singh,2006), *Trichoderma viride* (Chauhan e Ravi,2020), extrato de neem (Guleria e Kumar,2006) são medidas sugeridas.

43.2 DOENÇA: Mancha foliar de Corynespora

ORGANISMO CAUSAL: *Corynespora cassiicola*

SINTOMAS

Aparece uma mancha necrótica castanha-amarelada nas folhas com uma auréola clorótica (Shukla *et al.*,2000; Garibaldi *et al.*,2007; Avan. M,2021).

GESTÃO:

São sugeridos Mancozeb (DMAPR, 2014), *Pseudomonas* sp. + ácido salicílico + pó de folhas de *Clerodendron inerme* (DMAPR, 2014).

44. PLANTA: *Ocimum gratissinum* L.

Família:

44.1 DOENÇA: Ferrugem da folha

ORGANISMO CAUSAL: *Alternaria alternata*

SINTOMAS

A ocorrência da doença foi registada na folha de Ram-tulsi, onde a lâmina foliar perdeu a sua cor esverdeada e apareceram manchas irregulares acastanhadas dispersas ao longo da lâmina foliar. Estas folhas reduzem de tamanho e, subsequentemente, murcham. A prevalência da doença foi observada em toda a parcela durante janeiro - fevereiro de 2023 (observação pessoal dos autores).

GESTÃO:

Evitar a irrigação por cima da cabeça, utilizar equipamento limpo e esterilizado e restringir o movimento entre campos de plantas infectadas e campos de plantas saudáveis são algumas sugestões para a gestão desta doença.

45. PLANTA: *Ocimum sanctum* L.

Família:

45.1 DOENÇA: Mancha bacteriana da folha

ORGANISMO CAUSAL: *Pseudomonas cichorii*

SINTOMAS

Manchas escuras encharcadas de água aparecem nas folhas. Estas podem ser de forma angular ou irregular (Moreira *et al.*, 2015). A podridão húmida do caule também pode ocorrer. É causada por bactérias transmitidas por sementes (Mondal *et al.,* 2018).

GESTÃO:

Evitar a irrigação por cima da cabeça, utilizar equipamento limpo e esterilizado e restringir os movimentos do campo de plantas infectadas para o campo de plantas saudáveis.

45.2 DOENÇA: Mancha foliar de Cercospora

ORGANISMO CAUSAL: *Cercospora ocimicola*

SINTOMAS

Surgem manchas irregulares esbranquiçadas ou acinzentadas claras que ficam rodeadas por um halo mais escuro (Moreira *et al.,*2015). Os esporos fúngicos hibernam a partir dos restos de plantas previamente afectados e estes são transportados pelo vento para atacar a planta seguinte ou infectam a cultura através das sementes. O clima quente e húmido é favorável à doença (Mondal *et al.,*2018). Os sintomas incluem o aparecimento de manchas necróticas com bordos castanhos escuros nas folhas (Bubak, 1906; Enikuomrhin, 2006; Bhandari *et al.,*2014; Avan. M,2021).

GESTÃO:

Thiophanate- methyl ou benomyl (Singh,2006), aplicação no solo de bolo de neem + resíduos de folhas de *eucalipto,* óleo de neem ou extrato de sementes de neem + bolo de neem e *Pseudomonas fluorescens* (Arumugam *et al.,*2010) ajudarão a gerir esta doença.

45.3 DOENÇA: Mancha foliar de Colletotrichum

ORGANISMOS CAUSAIS: *Colletotrichum gleosporioides, C. capsica*

SINTOMAS:

A doença pode causar desfoliação, morte das pontas, lesões no caule e a planta inteira pode morrer. As folhas espalham manchas escuras e essas folhas caem prematuramente (Nilamudeen *et al.,*2013; Mondal *et al.,*2018). Na fase inicial, aparecem manchas circulares castanhas avermelhadas nas folhas e, posteriormente, as folhas secam e sofrem uma queda prematura (Tekade *et al.,*2009; Gautam,2014; Zimowska,2015; Avan. M,2021).

GESTÃO:

Tebuconazole (Mondal *et al.*,2010a, b), dithane (DMAPR,2014), evitando a irrigação aérea, a remoção de plantas doentes reduzirá o nível de inóculo (Mondal *et al.*,2018). Sugere-se a utilização de *Trichoderma viride* ou *T. harzianum* (Musheer e Ashraf, 2017).

45.4 DOENÇAS: Míldio

ORGANISMO CAUSAL: *Peronospora belbahrii*

SINTOMAS:

Os sintomas mais comuns são o amarelecimento das folhas de manjericão. Mais tarde, aparecem nas folhas cloroses de forma irregular ou sintomas típicos de veias, que podem por vezes ser confundidos com deficiências nutricionais. A maior parte da superfície da folha fica descolorida. A área clorótica passa de castanho-escuro a negro. É provável que o agente patogénico seja transmitido por sementes, mas também pode ser transmitido pelo vento (Mondal *et al.*, 2018). Manchas necróticas amareladas ou acastanhadas claras ocorrem nas folhas (Sain e Sharma,1999; Garibaldi *et al.*, 2004; Landa *et al.*,2005; Humphreys-jones *et al.*,2008; Lopez-Guisa *et al.*,2013; Avan. M, 2021).

GESTÃO:

Podem ser aplicados mancozebe e metalaxil. Utilização de acibenzolar-s-metil (ASM) para o controlo da doença (Mondal *et al.*,2018). Mancozeb (Jat *et al.*,2015), metalaxil (Yadav *et al.*,2010), mandipropamida, azoxistrobina e acibenzolar-s-metil (Gilardi *et al.*,2013), *Streptomyces lydicus*, *Bacillus amyloliquefaciens* estirpe D747, bicarbonato de potássio e dióxido de hidrogénio (Wyenandt *et al.*,2015) são medidas sugeridas para o controlo desta doença.

45.5 DOENÇA: foliar fúngica

ORGANISMOS CAUSAIS: *Alternaria* sp., *Cercospora ocimicola* e *Colletotrichum gloeosporioides* (Home Guides. Basil,2022)

SINTOMAS:

Aparecem manchas castanhas ou pretas no colarinho com auréola. As manchas têm uma forma irregular e, com o progresso da doença, as manchas coalescem e toda a folha se torna necrótica. O período de humidade é o preferido para a incidência da doença (Home Guides. Basil,2022; Sweta & Sundararaj,2022).

GESTÃO:

A remoção da folhagem doente, evitando a rega por cima da cabeça, a aplicação de fungicida com bicarbonato de potássio permite controlar esta doença (Home Guides. Basil,2022).

45.6 DOENÇAS: Murchidão de Fusarium

ORGANISMO CAUSAL: *Fusarium oxysporum* F. sp. *basilicum*

SINTOMAS

O amarelecimento dos rebentos aparece na fase inicial juntamente com a descoloração vascular interna dos caules (Moreira *et al.,*2015). Na fase de avanço, as plantas murcham e morrem (Mondal *et al.,*2018). As plantas tornam-se desbotadas e o crescimento de algodão aparece em torno da raiz principal (Nelson *et al.,*1960; Gupta *et al.,*2004; Dung *et al.,*2010; Ziedan *et al.,*2010; Avan. M,2021).

GESTÃO:

Benomyl (Szezeponek e Mazur, 2006) ou mancozeb ou carbendazim (Mondal *et al.,*2018), cultivo limpo, lavoura de verão, aplicação de agentes de biocontrolo como *Trichoderma* com adubo orgânico (Mondal *et al.,*2018). *Trichoderma viride* + *Pseudomonas fluorescens* (Senthamarai *et al.,*2008), *Bacillus subtilis* (Elewa *et al.,*2011) ou *Trichoderma viride* (Mondal *et al.,*2018) irão gerir esta doença.

45.7 DOENÇA: Bolor cinzento

ORGANISMO CAUSAL: *Botrytis cinerea*

SINTOMAS

O crescimento felpudo denso, castanho a cinzento, aparece nos caules ou nas folhas, bem como nos restos de plantas caídas. Mais tarde, as folhas morrem e as plantas parecem caídas (Moreira *et al.,*2015). A humidade elevada e a má circulação do ar são favoráveis ao desenvolvimento da doença (Mondal *et al.,*2018). Os caules e folhas afectados apresentam um crescimento peludo castanho-acinzentado. As plantas também apresentam sintomas de amortecimento juntamente com lesões graves no caule. Em última análise, as plantas afectadas morrem (Edney,1967; Moreira *et al.,*2015; Avan. M,2021).

GESTÃO:

Pode ser aplicado mancozeb ou zineb (TNAU, 2013). A remoção de folhas infestadas e evitar a irrigação aérea (Mondal *et al.*, 2018) e o uso de bolo de *Aloe vera*, óleo de tomilho e gelatina (Romero *et al.*, 2017) também serão eficazes.

45.8 DOENÇAS: Ferrugem da folha

ORGANISMO CAUSAL: *Alternaria* sp. (Soma *et al.*,2017)

SINTOMAS:

Os primeiros sintomas do míldio, como uma lesão negra, aparecem nas folhas mais velhas. Mais tarde, as manchas aumentam e os anéis concêntricos em forma de olho de boi tornam-se visíveis na planta doente (Sweta & Sundararaj,2022).

GESTÃO:

Lactococcus lactis sub sp. *lactis* (LABW4) pode ser utilizado para o controlo da doença (Soma *et al.*,2017).

45.9 DOENÇA: Oídio

ORGANISMO CAUSAL: *Erysiphe biocellata* (Mondal & Chaudhary,1980)

SINTOMAS:

A folha e o caule ficam cobertos de micélios que aparecem em ambas as superfícies das folhas. Mais tarde, as manchas brancas juntam-se para formar um revestimento pulverulento branco nas folhas que se torna fácil e claramente visível ((Mondal & Chaudhary,1980; Sweta & Sundararaj,2022).

GESTÃO:

Sugere-se o uso de extrato de folhas de *eucalipto* a 10% e, 10 dias depois, carbendazim 500gm (TNAU AgriTech Portal. Disease greengram,2022). A pulverização de NSKE 5% ou óleo de neem 3% na fase inicial do aparecimento da doença e mais tarde, com um intervalo de 10 dias, irá controlar esta doença.

45.10 DOENÇAS: Podridão radicular

ORGANISMOS CAUSAIS: *Rhizoctonia solani, Pythium* spp.

SINTOMAS:

A falha na germinação das sementes e o colapso das plântulas germinadas, juntamente com a área enrugada acastanhada na base do caule, são sintomas comuns da doença. As raízes tornam-se castanhas e encharcadas de água (Moreira *et al.,*2015; Mondal *et al.,* 2018). As plantas começam a murchar, as folhas tornam-se amarelas e o crescimento micelial de algodão branco aparece na região do colarinho (Subbiah *et al.,*1996; Boby e Bagyaraj, 2003; Kamalakannan *et al.,*2006; Zimowska,2008; Martini *et al.,*2009; Govindappa *et al.,*2010; Ziedan *et al.,*2010; Zimowska,2015; Aganer e Cere,2017; Avan. M,2021).

GESTÃO:

A aplicação de mancozeb, oxicloreto de cobre (Mondal *et al.,*2018), carbendazim + mancozeb (Ingle *et al.,*2014), *Trichoderma harzianum* (Govindapa *et al.,*2010) *T. viride+ Pseudomonas fluorescens* (Ingle *et al.,*2014) e *Glomus fasciculatum* (Mondal *et al.,*2018) são as recomendações para o controlo da doença.

45.11 DOENÇA: Doença viral

ORGANISMO CAUSAL: Vírus do mosaico amarelo

SINTOMAS:

Ocorrem sintomas de mosaico foliar com manchas foliares amareladas, atrofiamento do crescimento e distorção das folhas, flores e frutos (Deshattiwar, 2013; Sweta & Sundararaj, 2022).

GESTÃO:

Recomenda-se a aplicação de carbosulfão a 30gm ou monocrotofos a 5ml/1kg de sementes antes da sementeira. A destruição das plantas infectadas e o controlo da mosca branca com dimetoato 0,03% ou monocrotofos 1,6% ou metasystox (0,1%) ou triazofos 1,252ml/L serão mais eficazes.

46. PLANTA: *Origanum dubium* Boiss.

Família:

46.1 DOENÇA: Podridão radicular

ORGANISMOS CAUSAIS: *Boeremia exigua* var. *exigua, Rhizoctonia solani, Fusarium* spp.

SINTOMAS

As plantas começam a murchar, as folhas tornam-se amarelas e o crescimento micelial cotonoso branco aparece na região do colarinho (Subbiah *et al.,*1996; Boby e Bagyaraj, 2003; Kamalakannan *et al.,*2006; Zimowska,2008; Martini *et al.,*2009; Govindappa *et al.,*2010; Ziedan *et al.,*2010; Zimowska,2015; Aganer e Cere,2017; Avan. M,2021).

GESTÃO:

A aplicação de mancozeb, oxicloreto de cobre (Mondal *et al.,*2018), carbendazim + mancozeb (Ingle *et al.,*2014), *Trichoderma harzianum* (Govindapa *et al.,*2010) *T. viride+ Pseudomonas fluorescens* (Ingle *et al.,*2014) e *Glomus fasciculatum* (Mondal *et al.,*2018) são as recomendações para o controlo da doença.

46.2 DOENÇA: Podridão do caule

ORGANISMOS CAUSAIS: *Boeremia* var. *exigua, Rhizoctonia solani, Fusarium* spp.

SINTOMAS

As folhas afectadas mostram os sintomas através do aparecimento de lesões encharcadas de água, os tecidos carnudos tornam-se fracos e a água no tecido sai. A parte afetada torna-se castanha (Trujillo *et al.,*1988; Burns e Benson,2000; Elena,2006; Oogi *et al.,*2009; Martini *et al.,* 2009; Zimowska,2015; Samouel *et al.,*2016; Avan. M,2021).

GESTÃO:

Carbendazim ou mancozeb (Mondal *et al.,*2018), *Trichoderma viride+ Pseudomonas fluorescens* e *Bacillus subtilis* (Kamalakannan *et al.,*2003) são medidas sugeridas.

47. PLANTA: *Origanum* spp. L.

Família:

47.1 DOENÇA: Podridão radicular

ORGANISMOS CAUSAIS: *Rhizoctonia solani, Macrophomina phaseolina*

SINTOMAS

Os sintomas incluem o amarelecimento das folhas, a secagem das plantas e o crescimento de micélio na região do colo das plantas (Subbiah *et al.*,1996; Boby e Bagyaraj, 2003; Kamalakannan *et al.*,2006; Zimowska,2008; Martini *et al.*,2009; Govindappa *et al.*,2010; Ziedan *et al.*,2010; Zimowska,2015; Aganer e Cere,2017; Avan. M,2021).

GESTÃO:

A aplicação de mancozeb, oxicloreto de cobre (Mondal *et al.*,2018), carbendazim + mancozeb (Ingle *et al.*,2014), *Trichoderma harzianum* (Govindapa *et al.*,2010) *T. viride+ Pseudomonas fluorescens* (Ingle *et al.*,2014) e *Glomus fasciculatum* (Mondal *et al.*,2018) são as recomendações para o controlo da doença.

48. PLANTA: *Origanum vulgare* L.

Família:

48.1 DOENÇA: Mancha foliar de Alternaria

ORGANISMO CAUSAL: *Alternaria alternata*

SINTOMAS

A folha infetada apresenta manchas circulares castanhas escuras (Xiaoyin,1982; Kumar *et al.*,1984; Kishore *et al.*,1985; Kalra *et al.*,2005; Taba *et al.*,2009; Garibaldi *et al.*,2011; Zimowska,2015; Avan. M,2021).

GESTÃO:

Propineb (Parashurama e Shivanna,2013), mancozeb+ propiconazole (DMAPR,2012), benomyl, mancozeb, carbendazim (Singh,2006), *Trichoderma viride* (Chauhan e Ravi,2020), extrato de neem (Guleria e Kumar,2006) são as recomendações para o controlo desta doença.

48.2 DOENÇA: Antracnose

ORGANISMO CAUSAL: *Colletotrichum*

SINTOMAS

As lesões típicas da antracnose aparecem nas folhas e aumentam com o progresso da doença (Sattar *et al.*, 2002; Singh *et al.*, 2004; Ayvar-Serna *et al.*, 2020; Avan. M,2021).

GESTÃO:

O carbendazim (Prakash,2012), o mancozebe ou a mistura de bordeaux (Mondal *et al.*,2018) proporcionam um bom controlo.

48.3 DOENÇA: Mancha foliar de Colletotrichum

ORGANISMO CAUSAL: *Colletotrichum fuscum*

SINTOMAS:

Na fase inicial, aparecem manchas circulares castanho-avermelhadas nas folhas e, subsequentemente, as folhas secam e sofrem uma queda prematura (Tekade *et al.*,2009; Gautam,2014; Zimowska,2015; Avan. M,2021).

GESTÃO:

Sugere-se o uso de tebuconazol (Mondal *et al.*,2010a, b), dithane (DMAPR,2014) , *Trichoderma viride* ou *T. harzianum* (Musheer e Ashraf,2017).

48.4 DOENÇA: Phoma leaf blight

ORGANISMO CAUSAL: *Phoma multirostrata* var. *macrospora*

SINTOMAS:

Aparecem pequenas partes negras na parte superior e inferior das folhas e dos rebentos infectados (Garibaldi *et al.*,2013; Avan. M,2021).

GESTÃO:

A aplicação de mancozeb permite um bom controlo.

48.5 DOENÇA: Mancha foliar de Phoma

ORGANISMO CAUSAL: *Phoma herbarum*

SINTOMAS:

O aparecimento de manchas angulares são os sintomas comuns da doença (Basavand *et al.*,2020; Avan. M,2021).

GESTÃO:

As medidas sugeridas são o mancozebe e o carbendazime.

48.6 DOENÇA: Rhizoctonia leaf blight

ORGANISMO CAUSAL: *Rhizoctonia solani*

SINTOMAS

Aparecem manchas irregulares encharcadas de água nas folhas que se espalham para dentro (Mehrotra e Thapar,1990; Shukla *et al*.,1993; Kalra *et al*.,2005; Sato *et al*.,2010; Aktaruzzaman *et al*.,2015; Avan. M,2021).

GESTÃO:

Mancozeb, carbendazim (Mondal *et al*., 2018), *Trichoderma*+ fertilizante orgânico (Mondal *et al*., 2018) irá gerir esta doença.

48.7 DOENÇA: Podridão radicular

ORGANISMO CAUSAL: *Phytophthora tentaculata*

SINTOMAS

As plantas começam a murchar, as folhas tornam-se amarelas e o crescimento micelial cotonoso branco aparece na região do colarinho (Subbiah *et al*.,1996; Boby e Bagyaraj, 2003; Kamalakannan *et al*.,2006; Zimowska,2008; Martini *et al*.,2009; Govindappa *et al*.,2010; Ziedan *et al*.,2010; Zimowska,2015; Aganer e Cere,2017; Avan. M,2021).

GESTÃO:

A aplicação de mancozeb, oxicloreto de cobre (Mondal *et al*.,2018), carbendazim + mancozeb (Ingle *et al*.,2014), *Trichoderma harzianum* (Govindapa *et al*.,2010) *T. viride*+ *Pseudomonas fluorescens* (Ingle *et al*.,2014) e *Glomus fasciculatum* (Mondal *et al*.,2018) são as recomendações para o controlo da doença.

48.8 DOENÇA: Ferrugem

ORGANISMO CAUSAL: *Puccinia menthae*

SINTOMAS:

Aparecimento de manchas vermelhas amareladas na superfície inferior da folha que mais tarde se transformam em pústulas de ferrugem (Jones,1972; Koike *et al*.,1998; Kalra *et al*.,2005; Saber *et al*.,2009; Soni *et al*.,2011; Afsahan *et al*.,2012; Avan, M.2021).

GESTÃO:

A aplicação de enxofre/oxicloreto de cobre (Singh,2006), clorotalonil (Douglas,2003; Moorman,2017), trifloxistrobina/propiconazol (Mekonnen e Manahlie,2018), *Bacillus subtilis, Trichoderma harzianum* (Saber *et al.,*2009), extractos de *Maesa lanceolata* ve *Milletia ferruginea* (Mekonnen *et al.,*2014), etc. serão medidas de controlo eficazes.

48.9 DOENÇA: Podridão do caule

ORGANISMO CAUSAL: *Phytophthora tentaculata*

SINTOMAS:

As folhas afectadas apresentam os sintomas através do aparecimento de lesões encharcadas de água, o tecido carnudo torna-se fraco e a água no tecido sai. A parte afetada torna-se castanha (Trujillo *et al.,*1988; Burns e Benson,2000; Elena,2006; Oogi *et al.,*2009; Martini *et al.,* 2009; Zimowska,2015; Samouel *et al.,*2016; Avan. M,2021).

GESTÃO:

Sugere-se o uso de carbendazim ou mancozebe (Mondal *et al.,*2018), *Trichoderma viride+ Pseudomonas fluorescens* e *Bacillus subtilis* (Kamalakannan *et al.,*2003).

48.10 DOENÇA: Mancha foliar de Stemphylum

ORGANISMO CAUSAL: *Stemphylium botryosum*

SINTOMAS:

Aparecem manchas elípticas grandes, castanhas claras, no caule e nos ramos. Mais tarde, estas fundem-se no caule em grandes áreas (Fallon e Tate, 1986; Zimowska,2015; Avan. M,2021).

GESTÃO:

Para o controlo desta doença, sugere-se o uso de maneb, mancozeb, clorotalonil, iprodiona (Gindrat *et al.,*1984), carbendazim, propiconazol (Mondal *et al.,*2018), etc.

49. PLANTA: *Papaver somniferum* L.

Família:

49.1 DOENÇA: Mancha foliar de Alternaria

ORGANISMO CAUSAL: *Alternaria alternata*

SINTOMAS

Os sintomas da doença são manchas circulares castanhas escuras que aparecem nas folhas infectadas (Xiaoyin,1982; Kumar *et al.*,1984; Kishore *et al.*,1985; Kalra *et al.*,2005; Taba *et al.*,2009; Garibaldi *et al.*,2011; Zimowska,2015; Avan. M,2021).

GESTÃO:

Propineb (Parashurama e Shivanna,2013), mancozeb+ propiconazole (DMAPR,2012), benomyl, mancozeb, carbendazim (Singh,2006), *Trichoderma viride* (Chauhan e Ravi,2020), extrato de neem (Guleria e Kumar,2006) farão um controlo eficaz.

49.2 DOENÇA: Podridão da coroa

ORGANISMO CAUSAL: *Pleospora papaveracea*

SINTOMAS

A coroa infetada torna-se laranja-amarelada e aparecem sintomas de podridão que aumentam com o progresso da doença (Garibaldi *et al.*, 2015; Mondal *et al.*,2018; Avan. M,2021).

GESTÃO:

A aplicação de carbendazim ou mancozeb (Mondal *et al.*,2018), *Trichoderma* spp. (Mondal *et al.*,2018) controlará esta doença.

49.3 DOENÇA: Amortecimento

ORGANISMO CAUSAL: *Fusarium solani*

SINTOMAS:

Os sintomas desta doença são o amarelecimento das plântulas infectadas e o fracasso da colheita (Kishore *et al.*,1985; Alam *et al.*,1996; Carkaci e Maden,1998; Li *et al.*,2008; Barguil *et al.*,2009; Avan. M,2021).

GESTÃO:

Mancozeb, oxicloreto de cobre e carbendazim (Mondal *et al.*,2018), *Trichoderma* spp. gerem esta doença.

49.4 DOENÇAS: Míldio

ORGANISMO CAUSAL: *Peronospora* spp.

SINTOMAS:

Manchas necróticas amareladas ou acastanhadas claras ocorrem nas folhas (Sain e Sharma,1999; Garibaldi *et al.*, 2004; Landa *et al.*,2005; Humphreys-jones *et al.*,2008; Lopez-Guisa *et al.*,2013; Avan. M, 2021).

GESTÃO:

Mancozeb (Jat *et al.*,2015), metalaxil (Yadav *et al.*,2010), mandipropamida, azoxistrobina e acibenzolar-s-metil (Gilardi *et al.*,2013), *Streptomyces lydicus*, *Bacillus amyloliquefaciens* estirpe D747, bicarbonato de potássio e dióxido de hidrogénio (Wyenandt *et al.*,2015) podem ser utilizados para o controlo da doença.

50. PLANTA: *Pelargonium* spp. L.

Família:

50.1 DOENÇA: Alternaria leaf blight

ORGANISMO CAUSAL: *Alternaria alternata*

SINTOMAS

Nas folhas infectadas, ocorrem lesões necróticas castanhas de natureza irregular e um halo clorótico circundante (Rai e Tetrawal, 2010; Thakur e Harsh, 2014; Avan. M, 2021).

GESTÃO:

Mancozeb (Mondal *et al.*, 2010a; Jat *et al.*, 2015), mistura bordeaux (Smitha *et al.*, 2014), oxicloreto de cobre, carbendazim (Singh, 2006), extrato de *Ocimum sanctum*, *Zingiber officinale*, *Datura metel* ou *Mentha spicata* (Mondal *et al.*, 2010a) são medidas sugeridas.

50.2 DOENÇAS: Mancha foliar de Alternaria

ORGANISMO CAUSAL: *Alternaria alternata*

SINTOMAS

Os sintomas da doença são manchas circulares castanhas escuras que aparecem nas folhas infectadas (Xiaoyin,1982; Kumar *et al.*,1984; Kishore *et al.*,1985; Kalra *et al.*,2005; Taba *et al.*,2009; Garibaldi *et al.*,2011; Zimowska,2015; Avan. M,2021).

GESTÃO:

Propineb (Parashurama e Shivanna,2013), mancozeb+ propiconazole (DMAPR,2012), benomyl, mancozeb, carbendazim

(Singh,2006), *Trichoderma viride* (Chauhan e Ravi,2020), extrato de neem (Guleria e Kumar,2006) podem ser recomendados.

50.3 DOENÇAS: Botrytis leaf blight

ORGANISMO CAUSAL: *Botrytis cinerea*

SINTOMAS:

A folha infetada apresenta lesões em anéis concêntricos seguidas de murchamento e secagem das flores (Kalra *et al.*,2005; Vinodkumar e Nakkeeran,2017; Avan. M,2021).

GESTÃO:

A aplicação de fungicida pode ser utilizada para o controlo da doença.

50.4 DOENÇA: Mancha foliar de Colletotrichum

ORGANISMO CAUSAL: *Colletotrichum gleosporioides,*

SINTOMAS:

Na fase inicial, aparecem manchas circulares castanho-avermelhadas nas folhas e, subsequentemente, as folhas secam e sofrem uma queda prematura (Tekade *et al.*,2009; Gautam,2014; Zimowska,2015; Avan. M,2021).

GESTÃO:

Tebuconazole (Mondal *et al.*,2010a, b), dithane (DMAPR,2014), *Trichoderma viride* ou *T. harzianum* (Musheer e Ashraf,2017) serão eficazes.

50.5 DOENÇA: Podridão radicular

ORGANISMOS CAUSAIS: *Rhizoctonia solani, Macrophomina phaseolina, Pythium* sp.

SINTOMAS:

As plantas começam a murchar, as folhas tornam-se amarelas e aparece um crescimento micelial cotonoso branco na região do colo (Subbiah *et al.,*1996; Boby e Bagyaraj, 2003; Kamalakannan *et al.,*2006; Zimowska,2008; Martini *et al.,*2009; Govindappa *et al.,*2010; Ziedan *et al.,*2010; Zimowska,2015; Aganer e Cere,2017; Avan. M,2021).

A aplicação de mancozeb, oxicloreto de cobre (Mondal *et al.*,2018), carbendazim + mancozeb (Ingle *et al.*,2014) , *Trichoderma harzianum* (Govindapa *et al.*,2010) *T. viride+ Pseudomonas fluorescens* (Ingle *et al.*,2014) e *Glomus fasciculatum* (Mondal *et al.*,2018) são as recomendações para o controlo da doença.

50.6 DOENÇA: Ferrugem

ORGANISMO CAUSAL: *Puccinia pelargonii-zonalis*

SINTOMAS

Aparecimento de manchas vermelhas amareladas nas superfícies inferiores das folhas que mais tarde se transformam em pústulas de ferrugem (Jones,1972; Koike *et al.,*1998; Kalra *et al.,*2005; Saber *et al.,*2009; Soni *et al.,*2011; Afsahan *et al.,*2012; Avan, M.2021).

GESTÃO:

A aplicação de enxofre/oxicloreto de cobre (Singh,2006), clorotalonil (Douglas,2003; Moorman,2017), trifloxistrobina/propiconazol (Mekonnen e Manahlie,2018), *Bacillus subtilis, Trichoderma harzianum* (Saber *et al.,*2009), extractos de *Maesa lanceolata* ve *Milletia ferruginea* (Mekonnen *et al.,*2014) controlará esta doença.

50.7 DOENÇA: Murchidão

ORGANISMOS CAUSAIS: *Verticillium alba-atrum, V. dahliae*

SINTOMAS:

As plantas desvanecem-se e surge um crescimento cotonoso à volta da raiz principal (Nelson *et al.,*1960; Gupta *et al.,*2004; Dung *et al.,*2010; Ziedan *et al.,*2010; Avan. M,2021) .

GESTÃO:

Benomyl (Szezeponek e Mazur, 2006) ou mancozeb ou carbendazim (Mondal *et al.,*2018) , *Trichoderma viride + Pseudomonas fluorescens* (Senthamarai *et al.,*2008), *Bacillus subtilis* (Elewa *et al.,*2011) ou *Trichoderma viride* (Mondal *et al.,*2018) são sugeridos.

51. PLANTA: *Pimpinella anisum* L.

Família:

51.1 DOENÇA: Mancha foliar de Cercospora

ORGANISMO CAUSAL: *Cercospora malkoffii*

SINTOMAS

Os sintomas incluem o aparecimento de manchas necróticas com bordos castanhos escuros nas folhas (Bubak, 1906; Enikuomrhin, 2006; Bhandari *et al.*,2014; Avan. M,2021).

GESTÃO:

Thiophanate- methyl ou benomyl (Singh,2006), aplicação no solo de bolo de neem + resíduos de folhas de *eucalipto*, óleo de neem ou extrato de semente de neem + bolo de neem e *Pseudomonas fluorescens* (Arumugam *et al.*,2010) serão eficazes.

51.2 DOENÇA: Amortecimento

ORGANISMOS CAUSAIS: *Rhizoctonia solani, Fusarium* spp., *Alternaria tenuis*

SINTOMAS

O amarelecimento das plântulas infectadas e a queda das plantas são os sintomas que mostram as plantas afectadas (Kishore *et al.*,1985; Alam *et al.*,1996; Carkaci e Maden,1998; Li *et al.*,2008; Barguil *et al.*,2009; Avan. M,2021).

GESTÃO:

Podem ser aplicados mancozebe, oxicloreto de cobre e carbendazime (Mondal *et al.*,2018), *Trichoderma* spp. (Mondal *et al.*,2018).

51.3 DOENÇA: Crestamento bacteriano da Passalora

ORGANISMO CAUSAL: *Passalora malkoffii*

SINTOMAS:

As partes acima do solo da planta infetada apresentam lesões e secagem. As inflorescências também são afectadas (Erzurum *et al.*,2005; Avan. M,2021).

GESTÃO:

O mancozebe e o carbendazime revelar-se-ão eficazes.

51.4 DOENÇA: Ferrugem

ORGANISMO CAUSAL: *Puccinia pimpinellae*

SINTOMAS:

As manchas vermelho-amareladas aparecem na superfície inferior das folhas. Mais tarde, as manchas transformam-se em pústulas ferruginosas (Jones,1972; Koike *et al.,*1998; Kalra *et al.,*2005; Saber *et al.,*2009; Soni *et al.,*2011; Afsahan *et al.,*2012; Avan, M.2021).

GESTÃO:

A aplicação de enxofre/oxicloreto de cobre (Singh,2006), clorotalonil (Douglas,2003; Moorman,2017), trifloxistrobina/propiconazol (Mekonnen e Manahlie,2018), *Bacillus subtilis, Trichoderma harzianum* (Saber *et al.,*2009), extractos de *Maesa lanceolata* ve *Milletia ferruginea* (Mekonnen *et al.,*2014) controlará esta doença.

52. PLANTA: *Piper longum* L.

Família:

52.1 DOENÇA: Antracnose

ORGANISMO CAUSAL: *Colleotrichum boninense*

SINTOMAS

A folha infetada torna-se amarela na fase inicial. Mais tarde, as folhas apresentam manchas castanhas concêntricas em forma de anel com uma auréola à volta. Por fim, as folhas murcham. A folha afetada fica desfolhada (Sweta & Sundararaj,2022).

GESTÃO:

Recomenda-se principalmente a pulverização de calda bordalesa a 1% ou carbendazim + mancozebe a 0,1%. A pulverização de *Pseudomonas fluorescens* (FP7) com um intervalo de 3 semanas também permite o controlo (TNAU Agritech Portal. Crop Protection. Mango,2022).

52.2 DOENÇA: Mancha foliar de Cercospora

ORGANISMO CAUSAL: *Cercospora piperata*

SINTOMAS

Nas folhas mais velhas, aparecem manchas cinzentas redondas ou irregulares com bordos castanhos escuros ou pretos (Asthana & Mahmud,1947; Rao,1962; Sweta & Sundararaj,2022).

GESTÃO:

A pulverização de mancozeb, oxicloreto de cobre @2kg/ha na fase inicial da doença, juntamente com a remoção de resíduos de plantas infectadas, será eficaz.

52.3 DOENÇAS: Ferrugem da folha

ORGANISMO CAUSAL: *Colleotrichum gloeosporioides*

SINTOMAS:

Inicialmente, aparecem nas folhas pequenas manchas baças em forma de cabeça de alfinete com pontos castanhos amarelados. Todas as partes aéreas são infectadas, incluindo os bagos. As manchas são circulares ou irregulares, de cor castanha escura, e mais tarde coalescem para formar uma mancha necrótica nas folhas e nos caules. Logo após a chuva é a situação ideal para o aparecimento da doença. As folhas severamente infectadas tornam-se amarelas e desfolham. As folhas mais velhas são mais susceptíveis ao ataque da doença (Tekade *et al.,*2015). A patogenicidade desta doença foi testada com a pulverização de suspensões de esporos (Sathyarajan e Naseema, 1985). Os sintomas aparecem após 3 dias de inoculação. As bagas têm uma coloração preta devido ao *Colleotrichum gloeosporioides* e ao *C. capsici*, que são agentes patogénicos nocivos (Kuch,1990).

GESTÃO:

A pulverização de calda bordalesa será eficaz.

52.4 DOENÇAS: Podridão das folhas

ORGANISMOS CAUSAIS: *Fusarium pallidoroseum* e *Rhizoctonia*

SINTOMAS:

A folha afetada torna-se amarela e seca gradualmente. A planta inteira apresenta secagem da folhagem com crescimento de bolor esbranquiçado (Anupam & Jha,2014; Sweta & Sundararaj,2022).

GESTÃO:

Mantendo o saneamento do campo, recomenda-se a irrigação do solo com COC-0,25% com pré-tratamento dos bolbos com benomyl 15% + mancozeb 60%.

52.5 DOENÇA: da folha

ORGANISMO CAUSAL: *Botryodiplodia theobromae* [*Lasiodiplodia theobromae*]

SINTOMAS

Os sintomas iniciais de danos são manchas necróticas ovais, redondas, irregulares ou angulares rodeadas por anéis concêntricos. Mais tarde, as manchas aumentam de tamanho e coalescem, cobrindo toda a área foliar (Anupam & Jha,2014; Sweta & Sundararaj,2022).

GESTÃO:

A remoção das folhas caídas e a pulverização de carbendazim 0,1% e mancozebe 0,25% serão úteis para controlar a doença (Anupam & Jha,2014).

52.6 DOENÇA: Phytophthora leaf blight

ORGANISMO CAUSAL: *Phytophthora* sp.

SINTOMAS

Inicialmente, na superfície dorsal da folha, aparecem lesões acastanhadas na parte apical de 1/3 da margem da folha. Posteriormente, essas manchas coalescem, formando manchas acastanhadas. Manchas semelhantes são também observadas na superfície ventral. Os sintomas da doença são observados entre novembro de 2022 e fevereiro de 2023 (observação pessoal dos autores).

GESTÃO:

O oxicloreto de cobre ou o mancozebe revelar-se-ão eficazes.

53. PLANTAS: *Plantago ovata* Forssk.

Família:

53.1 DOENÇA: Alternaria leaf blight

ORGANISMO CAUSAL: *Alternaria alternata*

SINTOMAS

A folha afetada apresenta lesões irregulares necróticas castanhas em torno de um halo clorótico (Rai e Tetrawal, 2010; Thakur e Harsh, 2014; Avan. M, 2021).

GESTÃO:

Mancozeb (Mondal *et al.,* 2010a; Jat *et al.,* 2015), mistura bordeaux (Smitha *et al.,* 2014), oxicloreto de cobre, carbendazim (Singh, 2006), extrato de *Ocimum sanctum, Zingiber officinale, Datura metel* ou *Mentha spicata* (Mondal *et al.,* 2010a) serão úteis para controlar a doença.

53.2 DOENÇAS: Míldio

ORGANISMO CAUSAL: *Peronospora plantaginis*

SINTOMAS

Lesões necróticas com coloração amarela a castanha clara ocorrem nas folhas (Sain e Sharma,1999; Garibaldi *et al.*, 2004; Landa *et al.*,2005; Humphreys-jones *et al.*,2008; Lopez-Guisa *et al.*,2013; Avan. M, 2021).

GESTÃO:

São sugeridos o mancozebe (Jat *et al.*,2015), o metalaxil (Yadav *et al.*,2010), a mandipropamida, a azoxistrobina e o acibenzolar-s-metilo (Gilardi *et al.*,2013), *Streptomyces lydicus, Bacillus amyloliquefaciens* estirpe D747, bicarbonato de potássio e dióxido de hidrogénio (Wyenandt *et al.*,2015).

53.3 DOENÇA: Murchidão

ORGANISMOS CAUSAIS: *Fusarium oxysporum, F. solani*

SINTOMAS:

As plantas desvanecem-se e surge um crescimento cotonoso à volta da raiz principal (Nelson *et al.*,1960; Gupta *et al.*,2004; Dung *et al.*,2010; Ziedan *et al.*,2010; Avan. M,2021).

GESTÃO:

Benomyl (Szezeponek e Mazur, 2006) ou mancozeb ou carbendazim (Mondal *et al.*,2018), *Trichoderma viride + Pseudomonas fluorescens* (Senthamarai *et al.*,2008), *Bacillus subtilis* (Elewa *et al.*,2011) ou *Trichoderma viride* (Mondal *et al.*,2018) revelar-se-ão eficazes.

54. PLANTAS: *Plectranthus amboinicus* Lour.

Família: Lamiaceae

54.1 DOENÇA: Mancha foliar de Alternaria

ORGANISMO CAUSAL: *Alternaria alternata*

SINTOMAS

Inicialmente, a folha torna-se amarelada com o aparecimento de manchas acastanhadas na superfície dorsal e na superfície ventral. Posteriormente, as manchas coalescem para formar uma mancha acastanhada proeminente mais para a margem esquerda. No caso da folha madura, estes sintomas são mais proeminentes e a fixação peciolar das folhas solta-se. Um simples toque na folha pode provocar a desfolha. A ocorrência desta doença na planta de ajwain não foi registada anteriormente. Os seus sintomas foram observados durante novembro - dezembro de 2022 (observação pessoal dos autores).

GESTÃO:

Fungicida de cobre (Mondal *et al.*,2018), propineb (Parashurama e Shivanna,2013), mancozeb+ propiconazole (DMAPR,2012), benomyl, mancozeb, carbendazim (Singh,2006), *Trichoderma viride* (Chauhan e Ravi,2020), extrato de neem (Guleria e Kumar,2006) são sugeridos para o controlo da doença.

55. PLANTA: *Pogostemon cablin* (Blanco) Benth.

Família:

55.1 DOENÇA: Podridão do colarinho

ORGANISMOS CAUSAIS: *Fusarium oxysporum, Rhizoctonia solani*

SINTOMAS

A clorose aparece nas folhas inferiores e, mais tarde, aparecem pequenas lesões necróticas castanhas na zona do colo da planta (*Singh et al.*,2001; Trivedi *et al.*,2006; Avan. M,2021).

GESTÃO:

Carbendazim, tiofanato-metilo (TNAU,2013), mancozebe (Mondal *et al.*,2018), *Trichoderma harzianum* (Singh e Singh,2004) revelar-se-ão eficazes.

56. PLANTAS: *Rauwolfia serpentina* (L.) Benth. ex Kurz

Família:

56.1 DOENÇA: Alternaria leaf blight

ORGANISMOS CAUSAIS: *Alternaria tenuis, A. alternata*

SINTOMAS

A folha afetada apresenta lesões irregulares necróticas castanhas em torno de um halo clorótico (Rai e Tetrawal, 2010; Thakur e Harsh, 2014; Avan. M, 2021).

GESTÃO:

Mancozeb (Mondal *et al.*, 2010a; Jat *et al.*, 2015), mistura de bordeaux (Smitha *et al.*, 2014), oxicloreto de cobre, carbendazim (Singh, 2006), extrato de *Ocimum sanctum*, *Zingiber officinale*, *Datura metel* ou *Mentha spicata* (Mondal *et al.*, 2010a) podem ser utilizados para o controlo da doença.

56.2 DOENÇA: Antracnose

ORGANISMO CAUSAL: *Colletotrichum gleosporioides*

SINTOMAS

Aparecem numerosas manchas minúsculas dispersas na superfície superior da folha. Posteriormente, as manchas aumentam de tamanho e tornam-se manchas circulares que coalescem, resultando na secagem da lâmina foliar seguida de desfolha. (Varadarajan, 1964; Mondal *et al.*, 2018). As lesões típicas da antracnose aparecem nas folhas e aumentam com o progresso da doença (Sattar *et al.*, 2002; Singh *et al.*, 2004; Ayvar-Serna *et al.*, 2020; Avan. M,2021).

GESTÃO:

A aplicação de mancozeb ou mistura de bordeaux (Mondal *et al.*, 2018; Mondal *et al.*, 2018), carbendazim (Prakash, 2012) será eficaz.

56.3 DOENÇA: Mancha foliar de Cercospora

ORGANISMOS CAUSAIS: *Cercospora rauvolfiae, C. serpitinae*

SINTOMAS:

Os sintomas da doença incluem manchas castanhas na superfície superior da folha e castanho-amareladas na superfície inferior da folha. As manchas foliares fundem-se subsequentemente, causando o amarelecimento e a secagem das folhas afectadas e essas folhas são gradualmente desfolhadas (Parashurama e Shivanna, 2013; Mondal *et al.,* 2018). Nas folhas, manchas necróticas com bordos castanhos escuros aparecem de forma dispersa (Bubak, 1906; Enikuomrhin, 2006; Bhandari *et al.,*2014; Avan. M,2021). Outro agente patogénico *Mycosphaerella rauwolfia* também causa manchas pretas acinzentadas, de forma redonda e oval (Mondal *et al.,* 2018). O aparecimento de manchas castanhas escuras na superfície superior da folha, especialmente em direção à margem da folha, é observado entre dezembro de 2022 e janeiro de 2023. Na superfície ventral, as manchas são menos acastanhadas, embora também se dirijam para a margem. Na fase inicial, as manchas são castanho-amareladas (observação pessoal dos autores).

GESTÃO:

Sugere-se a pulverização com Mancozeb para o seu controlo. O tiofanato-metilo ou o benomil, a aplicação de bagaço de nim + resíduos de folhas de *eucalipto*, óleo de nim ou extrato de sementes de nim + bagaço de nim e *Pseudomonas fluorescens* são recomendados para o controlo da doença.

56.4 DOENÇA: Colletotrichum leaf blight

ORGANISMOS CAUSAIS: *Colletotrichum dematium, C. capsici*

SINTOMAS:

Aparecem pequenas manchas cloróticas na superfície inferior das folhas que depois se fundem para formar uma grande mancha (Sattar *et al.,*2006; Ramappa e Shovanna,2013; Avan. M,2021).

GESTÃO:

São sugeridos o mancozebe ou o carbendazime ou a mistura de bordeaux (Shukla *et al.,*2010; Smitha *et al.,*2014) e o carbendazime+mancozebe (Kadam *et al.,*2014).

56.5 DOENÇA: Mancha foliar de Corynespora

ORGANISMO CAUSAL: *Corynespora cassiicola*

SINTOMAS

Manchas necróticas castanho-amareladas sob a forma de auréola clorótica aparecem nas folhas (Shukla *et al.*,2000; Garibaldi *et al.*,2007; Avan. M,2021).

GESTÃO:

Mancozeb (DMAPR, 2014), *Pseudomonas* sp.+ ácido salicílico+ pó de folhas de *Clerodendron inerme* (DMAPR, 2014) serão eficazes para o controlo da doença.

56.6 DOENÇA: Mancha foliar de Curvularia

ORGANISMO CAUSAL: *Curvularia trifolii*

SINTOMAS:

Aparecem lesões necróticas de cor castanha escura nas folhas (Thaung,2008; Bhagat *et al.*,2014; Avan. M,2021).

GESTÃO:

Pode ser aplicada uma mistura de mancozebe e bordeaux (Smitha *et al.*, 2014).

56.7 DOENÇA: Morrer de costas

ORGANISMO CAUSAL: *Colletotrichum dematium*

SINTOMAS:

Aparecem numerosas manchas de forma dispersa nas superfícies foliares das folhas, dos ramos e das flores. Essas lesões coalescem para formar grandes manchas circulares necróticas, resultando em danos completos da lâmina foliar. Posteriormente, ocorre a desfoliação (Lele e Ashram, 1968; Mondal *et al.*,2018). Os gomos das pontas dos ramos jovens desvanecem-se e secam (Kulkarni e Ravindra, 1988; Kulkarni *et al.*,1992; Avan. M,2021).

GESTÃO:

O Mancozeb (Mondal *et al.*,2018) pode ser sugerido para controlo.

56.8 DOENÇAS: Podridão da inflorescência e dos frutos

ORGANISMO CAUSAL: *Rhizopus stolonifera*

SINTOMAS

As lesões encharcadas de água aparecem inicialmente nos botões florais e, mais tarde, aparecem sintomas viscosos de podridão húmida na inflorescência e no pedúnculo. O crescimento micelial felpudo e cotonoso também se torna visível na inflorescência e nos frutos infectados em condições de elevada humidade. (Shukla *et al.,*2006; Mondal *et al.,*2018). Os frutos apresentam sintomas de podridão húmida (Shukla *et al.,*2006; Singh *et al.,*2011; Avan. M,2021).

GESTÃO:

A aplicação de mancozebe será eficaz.

56.9 DOENÇAS: Ferrugem da folha e podridão dos gomos

ORGANISMOS CAUSAIS: *Alternaria tenuis, A. alternata*

SINTOMAS

Na superfície ventral das folhas aparecem manchas circulares de cor escura, com margens amareladas, que aumentam de tamanho e se transformam em lesões circulares de cor castanha escura. As flores e os frutos também são atacados por esta doença. (Parashurama e Shivanna, 2013; Shivanna *et al.*, 2014; Mondal *et al.,*2018).

GESTÃO:

Pode ser efectuada uma pulverização com mancozebe.

56.10 DOENÇA: Mancha da folha

ORGANISMO CAUSAL: *Cercospora serpitinae*

SINTOMAS:

Aparecem manchas de cor púrpura na superfície ventral da folha que, mais tarde, coalescem para se tornarem irregulares e essas folhas murcham e morrem gradualmente. (Chandra, 1957; Mondal *et al.,*2018).

GESTÃO:

Pode ser recomendada a pulverização de zinebe ou mancozebe.

56.11 DOENÇA: Macrophomina leaf blight

ORGANISMO CAUSAL: *Macrophomina phaseolina*

SINTOMAS:

As lesões necróticas aparecem nos bordos da ponta das folhas infectadas (Maiti e Geetga, 2013; Meena e Kadam, 2021; Avan. M, 2021).

GESTÃO:

Para o seu controlo, podem ser aplicados metalaxil+ mancozebe (Meena e Kadam,2021), *Pseudomonas fluorescens* (Meena e Kadam,2021), etc.

56.12 DOENÇA: Mosaico

ORGANISMO CAUSAL: Vírus do mosaico do pepino

SINTOMAS

O amarelecimento gradual das folhas aparece. Estas folhas enrolam-se da margem para a nervura central na superfície abaxial e, por fim, as folhas caem. (Raj *et al.,*2007; Mondal *et al.,*2018).

GESTÃO:

A utilização de cultivares resistentes revelar-se-á útil.

56.13 DOENÇA: Rhizoctonia leaf blight

ORGANISMO CAUSAL: *Rhizoctonia solani*

SINTOMAS

Mancha irregular encharcada de água da folha espalhada para dentro (Mehrotra e Thapar,1990; Shukla *et al.,*1993; Kalra *et al.,*2005; Sato *et al.,*2010; Aktaruzzaman *et al.,*2015; Avan. M,2021).

GESTÃO:

Mancozeb, carbendazim (Mondal *et al.,* 2018), *Trichoderma+* fertilizante orgânico (Mondal *et al.,* 2018) será eficaz.

56.14 DOENÇAS: Podridão radicular

ORGANISMO CAUSAL: *Macrophomina phaseolina*

SINTOMAS:

Os sintomas comuns incluem o amarelecimento e a queda das folhas, o escurecimento dos caules e o apodrecimento das raízes. Na parte apodrecida, aparecem manchas escleróticas negras. (Mondal *et al.,*2018). Os sintomas incluem amarelecimento das folhas secagem das plantas e crescimento de micélio na região do colarinho das plantas (Subbiah *et* *al.*,1996; Boby e Bagyaraj, 2003; Kamalakannan *et al.*,2006; Zimowska,2008; Martini *et al.*,2009; Govindappa *et al.*,2010; Ziedan *et al.*,2010; Zimowska,2015; Aganer e Cere,2017; Avan. M,2021).

GESTÃO:

A aplicação de mancozeb, oxicloreto de cobre (Mondal *et al.*,2018), carbendazim + mancozeb (Ingle *et al.*,2014), *Trichoderma harzianum* (Govindapa *et al.*,2010) *T. viride+ Pseudomonas fluorescens* (Ingle *et al.*,2014) e *Glomus fasciculatum* (Mondal *et al.*,2018) são as recomendações para o controlo da doença.

56.15 DOENÇA: Mancha foliar alvo

ORGANISMO CAUSAL: *Corynespora cassiicola*

SINTOMAS:

O agente patogénico causa inicialmente manchas castanhas escuras na superfície superior da folha e manchas castanhas amareladas na superfície inferior da folha. Estas manchas aumentam gradualmente de tamanho e tornam-se globulares (2-20 mm de diâmetro), pelo que a doença é designada por "mancha alvo". As folhas fortemente infectadas caem prematuramente (Mohanty e Addy, 1958; Chowdhury *et al.*, 2011; Mondal *et al.*,2018).

GESTÃO:

A aplicação de mancozebe revelar-se-á eficaz.

56.16 DOENÇA: Podridão húmida

ORGANISMO CAUSAL: *Rhizopus stolonifer*

SINTOMAS

A zona infetada torna-se vermelha, onde começa a apodrecer (Shukla *et al.*,2006; Avan. M,2021).

GESTÃO:

Pode ser aplicado mancozebe ou oxicloreto de cobre (Mondal *et al.*,2018).

57. PLANTAS: *Rosa chinensis* Jacq. e *Rosa damascena* Mill.

Família:

57.1 DOENÇA: Botrytis leaf blight

ORGANISMO CAUSAL: *Botrytis cinerea*

SINTOMAS

A folha infetada apresenta lesões em anéis concêntricos seguidas de murchamento e secagem das flores (Kalra *et al.*,2005; Vinodkumar e Nakkeeran,2017; Avan. M,2021).

GESTÃO:

Será sugerida a aplicação de um fungicida como o mancozeb.

57.2 DOENÇA: Podridão da coroa

ORGANISMOS CAUSAIS: *Phythophthora* spp., *Alternaria* spp., *Rhizoctonia* spp., *Pythium* spp.

SINTOMAS

Os sintomas incluem o aparecimento de coroas amareladas ou e que aumentam com o progresso da doença (Garibaldi *et al.*, 2015; Mondal *et al.*,2018; Avan. M,2021).

GESTÃO:

A aplicação de carbendazim ou mancozebe (Mondal *et al.*,2018), *Trichoderma* spp. (Mondal *et al.*,2018) será eficaz para o controlo da doença.

57.3 DOENÇA: Amortecimento

ORGANISMOS CAUSAIS: *Phythophthora* spp., *Alternaria* spp., *Rhizoctonia* spp., *Sclerotinia* spp. e *Pythium* spp.

SINTOMAS:

Os sintomas da doença são o amarelecimento das plântulas infectadas e a falha das plantas (Kishore *et al.*,1985; Alam *et al.*,1996; Carkaci e Maden,1998; Li *et al.*,2008; Barguil *et al.*,2009; Avan. M,2021).

GESTÃO:

Mancozeb, oxicloreto de cobre e carbendazim (Mondal *et al.*,2018), *Trichoderma* spp. (Mondal *et al.*,2018) serão eficazes.

57.4 DOENÇA: Mancha foliar de Diplocarpon

ORGANISMO CAUSAL: *Diplocarpon rosae*

SINTOMAS:

Na superfície superior das folhas aparecem manchas acastanhadas ou enegrecidas com margens escuras arroxeadas (Margina e zheljazkov,1995; Avan. M,2021).

GESTÃO:

Pode aplicar-se trifloxistrobina + tebuconazol (IIHR, 2016).

57.5 DOENÇA: Bolor cinzento

ORGANISMO CAUSAL: *Botrytis cinerea*

SINTOMAS

Os caules e as folhas afectados apresentam um crescimento peludo cinzento e castanho. As plantas também apresentam sintomas de amortecimento juntamente com lesões graves em o caule. Em última análise, as plantas afectadas morrem (Edney,1967; Moreira *et al.*,2015; Avan. M,2021).

GESTÃO:

Mancozeb ou zineb (TNAU,2013), bolo de *Aloe vera*, óleo de tomilho e gelatina (Romero *et al.*,2017) são medidas sugeridas.

57.6 DOENÇA: Podridão radicular

ORGANISMOS CAUSAIS: *Phythophthora* spp., *Alternaria* spp., *Rhizoctonia* spp., *Pythium* spp.

SINTOMAS:

Os sintomas comuns incluem o amarelecimento e a queda das folhas, o escurecimento dos caules e o apodrecimento das raízes. Na parte apodrecida, aparecem manchas escleróticas negras. (Mondal *et al.,*2018). Os sintomas incluem amarelecimento das folhas, secagem das plantas e crescimento de micélio na região do colarinho das plantas (Subbiah *et al.,*1996; Boby e Bagyaraj, 2003; Kamalakannan *et al.,*2006; Zimowska,2008; Martini *et al.,*2009; Govindappa *et al.,*2010; Ziedan *et al.,*2010; Zimowska,2015; Aganer e Cere,2017; Avan. M,2021).

GESTÃO:

A aplicação de mancozeb, oxicloreto de cobre (Mondal *et al.*,2018), carbendazim + mancozeb (Ingle *et al.*,2014), *Trichoderma harzianum* (Govindapa *et al.*,2010) *T. viride+ Pseudomonas fluorescens* (Ingle *et al.*,2014) e *Glomus fasciculatum* (Mondal *et al.*,2018) são as recomendações para o controlo da doença.

58. PLANTAS: *Rosa damascena* Mill.

Família:

58.1 DOENÇA: Oídio

ORGANISMO CAUSAL: *Podosphaera macularis*

SINTOMAS

A doença aparece nas folhas, que mostram a ocorrência de manchas cloróticas e descoloração acastanhada em forma de pó (Valiyeva *et al.*,2004; Kalra *et al.*,2005; Humphreys-Jones *et al.*,2008; Thines *et al.*,2009; Baradaran *et al.*,2012; Venegas-Portilla *et al.*,2020; Avan. M, 2021).

GESTÃO:

Podem também ser utilizados fungicidas à base de boscalide + piraclostrobina, mandipropamida e cobre (Minuto *et al.*,2012), óleo essencial de tomilho e cravinho (Salamone *et al.*,2009).

59. PLANTAS: *Rosa* sp. L.

Família:

59.1 DOENÇA: Amortecimento

ORGANISMO CAUSAL: *Fusarium oxysporum*

SINTOMAS

As plântulas infectadas tornam-se amarelas e a planta entra em colapso (Kishore *et al.*,1985; Alam *et al.*,1996; Carkaci e Maden,1998; Li *et al.*,2008; Barguil *et al.*,2009; Avan. M,2021).

GESTÃO:

Mancozeb, oxicloreto de cobre e carbendazim (Mondal *et al.*,2018), *Trichoderma* spp. (Mondal *et al.*,2018) serão eficazes.

59.2 DOENÇAS: Míldio

ORGANISMO CAUSAL: *Peronospora sparsa*

SINTOMAS

Lesões necróticas com coloração amarela a castanha clara ocorrem nas folhas (Sain e Sharma,1999; Garibaldi *et al.*, 2004; Landa *et al.*,2005; Humphreys-jones *et al.*,2008; Lopez-Guisa *et al.*,2013; Avan. M, 2021).

GESTÃO:

Mancozeb (Jat *et al.*,2015), metalaxil (Yadav *et al.*,2010), mandipropamida, azoxistrobina e acibenzolar-s-metil (Gilardi *et al.*,2013), *Streptomyces lydicus*, *Bacillus amyloliquefaciens* estirpe D747, bicarbonato de potássio e dióxido de hidrogénio (Wyenandt *et al.*,2015), etc. serão medidas de controlo eficazes.

59.3 DOENÇAS: Oídio

ORGANISMO CAUSAL: *Sphaerotheca pannosa* var. *rosae*

SINTOMAS:

Nas folhas, aparecem manchas cloróticas e descoloração acastanhada. As folhas afectadas ficam enroladas e dobram-se para o caule (Valiyeva *et al.*,2004; Kalra *et al.*,2005; Humphreys-Jones *et al.*,2008; Thines *et al.*,2009; Baradaran *et al.*,2012; Venegas-Portilla *et al.*,2020; Avan. M,2021).

GESTÃO:

Boscalid+ piraclostrobina, mandipropamida e fungicidas à base de cobre (Minuto *et al.*,2012), óleo essencial de tomilho e cravinho (Salamone *et al.*,2009) são algumas sugestões para o seu controlo.

59.4 DOENÇA: Ferrugem

ORGANISMO CAUSAL: *Caeoma* sp.

SINTOMAS:

Aparecimento de manchas vermelhas amareladas nas superfícies inferiores das folhas que, mais tarde, se transformam em pústulas de ferrugem (Jones,1972; Koike *et al.*,1998; Kalra *et al.*,2005; Saber *et al.*,2009; Soni *et al.*,2011; Afsahan *et al.*,2012; Avan, M.2021).

GESTÃO:

A aplicação de enxofre/oxicloreto de cobre (Singh, 2006), clorotalonil (Douglas, 2003; Moorman, 2017), trifloxistrobina/propiconazol (Mekonnen e Manahlie, 2018), *Bacillus subtilis, Trichoderma harzianum* (Saber *et al.,* 2009), extractos de *Maesa lanceolata* e *Milletia ferruginea* (Mekonnen *et al.,* 2014) são medidas sugeridas.

60. PLANTA: *Rosmarinus officinalis* L.

Família: Lamiaceae

60.1 DOENÇAS: Míldio

ORGANISMO CAUSAL: *Peronospora lamii*

SINTOMAS

Manchas necróticas amareladas ou acastanhadas claras ocorrem nas folhas (Sain e Sharma,1999; Garibaldi *et al.,* 2004; Landa *et al.,*2005; Humphreys-jones *et al.,*2008; Lopez-Guisa *et al.,*2013; Avan. M, 2021).

GESTÃO:

Mancozeb (Jat *et al.,*2015), metalaxyl (Yadav *et al.,*2010), mandipropamid, azoxystrobin e acibenzolar-s-metil (Gilardi *et al.,*2013), *Streptomyces lydicus, Bacillus amyloliquefaciens* estirpe D747, bicarbonato de potássio e dióxido de hidrogénio (Wyenandt *et al.,*2015) controlarão esta doença.

60.2 DOENÇA: Rhizoctonia leaf blight

ORGANISMO CAUSAL: *Rhizoctonia solani*

SINTOMAS

Aparecem manchas irregulares encharcadas de água nas folhas que se espalham para dentro (Mehrotra e Thapar,1990; Shukla *et al.,*1993; Kalra *et al.,*2005; Sato *et al.,*2010; Aktaruzzaman *et al.,*2015; Avan. M,2021).

GESTÃO:

Mancozeb, carbendazim (Mondal *et al.,* 2018), *Trichoderma+* fertilizante orgânico (Mondal *et al.,* 2018) irá gerir esta doença.

60.3 DOENÇA: Podridão do caule

ORGANISMO CAUSAL: *Sclerotinia sclerotiorum*

SINTOMAS:

Aparecem lesões esverdeadas pálidas embebidas em água na planta infetada e as plantas tornam-se fracas (Trujillo *et al.*,1988; Burns e Benson,2000; Elena,2006; Oogi *et al.*,2009; Martini *et al.*, 2009; Zimowska,2015; Samouel *et al.*,2016; Avan. M,2021).

GESTÃO:

Carbendazim ou mancozeb (Mondal *et al.*,2018), *Trichoderma viride+ Pseudomonas fluorescens* e *Bacillus subtilis* (Kamalakannan *et al.*,2003) podem ser recomendados.

60.4 DOENÇA: Murchidão

ORGANISMOS CAUSAIS: *Phytophthora citrophthora, Rhizoctonia solani, Fusarium oxysporum, Nigrospora oryzae*

SINTOMAS:

As plantas começam a desvanecer-se com o aparecimento de crescimento cotonoso à volta da raiz principal (Nelson *et al.*,1960; Gupta *et al.*,2004; Dung *et al.*,2010; Ziedan *et al.*,2010; Avan. M,2021).

GESTÃO:

Benomyl (Szezeponek e Mazur, 2006) ou mancozeb ou carbendazim (Mondal *et al.*,2018), *Trichoderma viride + Pseudomonas fluorescens* (Senthamarai *et al.*,2008), *Bacillus subtilis* (Elewa *et al.*,2011) ou *Trichoderma viride* (Mondal *et al.*,2018) são sugeridos.

61. PLANTA: *Salvia officinalis* L.

Família: Lamiaceae

61.1 DOENÇA: Mancha foliar de Alternaria

ORGANISMO CAUSAL: *Alternaria alternata*

SINTOMAS

A folha infetada apresenta manchas circulares castanhas escuras (Xiaoyin,1982; Kumar *et al.*,1984; Kishore *et al.*,1985; Kalra *et al.*,2005; Taba *et al.*,2009; Garibaldi *et al.*,2011; Zimowska,2015; Avan. M,2021).

GESTÃO:

Propineb (Parashurama e Shivanna,2013), mancozeb+ propiconazole (DMAPR,2012), benomyl, mancozeb, carbendazim (Singh,2006), *Trichoderma viride* (Chauhan e Ravi,2020), extrato de neem (Guleria e Kumar,2006) podem ser sugeridos para controlo.

61.2 DOENÇA: Antracnose

ORGANISMO CAUSAL: *Colletotrichum dematium*

SINTOMAS

As lesões típicas da antracnose aparecem nas folhas e aumentam com o progresso da doença (Sattar *et al.,* 2002; Singh *et al.,* 2004; Ayvar-Serna *et al.,* 2020; Avan. M,2021).

GESTÃO:

Para o seu controlo, podem ser aplicados carbendazim (Prakash,2012), mancozebe ou mistura de bordeaux (Mondal *et al.*,2018).

61.3 DOENÇA: Podridão da coroa

ORGANISMO CAUSAL: *Phytophthora cryptogea*

SINTOMAS:

A coroa infetada torna-se laranja-amarelada e os sintomas de podridão aparecem com o progresso da doença (Garibaldi *et al.*, 2015; Mondal *et al.*,2018; Avan. M,2021).

GESTÃO:

Sugere-se a aplicação de carbendazim ou mancozebe (Mondal *et al.*,2018), *Trichoderma* spp. (Mondal *et al.*,2018).

61.4 DOENÇA: Amortecimento

ORGANISMOS CAUSAIS: *Fusarium oxysporum, F. moniliforme, F. solani, Rhizoctonia solani*

SINTOMAS:

As plântulas infectadas tornam-se amarelas e a planta entra em colapso (Kishore *et al.*,1985; Alam *et al.*,1996; Carkaci e Maden,1998; Li *et al.*,2008; Barguil *et al.*,2009; Avan. M,2021).

GESTÃO:

Mancozeb, oxicloreto de cobre e carbendazim (Mondal *et al.*,2018), *Trichoderma* spp. (Mondal *et al.*,2018) revelar-se-ão eficazes.

61.5 DOENÇAS: Oídio

ORGANISMO CAUSAL: *Golovinomyces neosalviae*

SINTOMAS:

Nas folhas, aparecem manchas cloróticas e descoloração acastanhada. As folhas afectadas ficam enroladas e dobram-se para o caule (Valiyeva *et al.*,2004; Kalra *et al.*,2005; Humphreys-Jones *et al.*,2008; Thines *et al.*,2009; Baradaran *et al.*,2012; Venegas-Portilla *et al.*,2020; Avan. M,2021).

GESTÃO:

Boscalid+ piraclostrobina, mandipropamida e fungicidas à base de cobre (Minuto *et al.*,2012), óleo essencial de tomilho e cravinho (Salamone *et al.*,2009) permitirão um bom controlo.

61.6 DOENÇA: Podridão radicular

ORGANISMOS CAUSAIS: *Phythophthora cryptogea, Rhizoctonia solani, Fusarium* spp., *F. oxysporum, Phoma exigua* var. *exigua*

SINTOMAS

Os sintomas incluem o amarelecimento das folhas, a secagem das plantas e o crescimento de micélio na região do colo das plantas (Subbiah *et al.,*1996; Boby e Bagyaraj, 2003; Kamalakannan *et al.,*2006; Zimowska,2008; Martini *et al.,*2009; Govindappa *et al.,*2010; Ziedan *et al.,*2010; Zimowska,2015; Aganer e Cere,2017; Avan. M,2021).

GESTÃO:

A pulverização de mancozeb, oxicloreto de cobre (Mondal *et al.*,2018), carbendazim + mancozeb (Ingle *et al.*,2014), *Trichoderma harzianum* (Govindapa *et al.*,2010) *T. viride+ Pseudomonas fluorescens* (Ingle *et al.*,2014) e *Glomus fasciculatum* (Mondal *et al.*,2018) são as recomendações para o controlo da doença.

61.7 DOENÇA: Podridão do caule

ORGANISMO CAUSAL: *Phomopsis sclarea*

SINTOMAS

As folhas afectadas apresentam os sintomas através do aparecimento de lesões encharcadas de água. O tecido carnudo torna-se fraco e a água no tecido sai. A parte afetada torna-se castanha (Trujillo *et al.*,1988; Burns e Benson,2000; Elena,2006; Oogi *et al.*,2009; Martini *et al.*, 2009; Zimowska,2015; Samouel *et al.*,2016; Avan. M,2021).

GESTÃO:

Sugere-se o uso de carbendazim ou mancozebe (Mondal *et al.*,2018), *Trichoderma viride*+ *Pseudomonas fluorescens* e *Bacillus subtilis* (Kamalakannan *et al.*,2003).

62. PLANTA: *Santalum* spp. L.

Família: Santalaceae

62.1 DOENÇA: Amortecimento

ORGANISMOS CAUSAIS: *Fusarium* spp., *Phythophthora* spp., *Rhizopus* spp

SINTOMAS

As plântulas infectadas tornam-se amarelas e a planta entra em colapso (Kishore *et al.*,1985; Alam *et al.*,1996; Carkaci e Maden,1998; Li *et al.*,2008; Barguil *et al.*,2009; Avan. M,2021).

GESTÃO:

Podem ser aplicados mancozebe, oxicloreto de cobre e carbendazime (Mondal *et al.*,2018), *Trichoderma* spp. (Mondal *et al.*,2018).

63. PLANTAS: *Sauropus androgynus* (L.) Merr.

Família:

63.1 DOENÇA: Ondulação das folhas

ORGANISMO CAUSAL: Uma espécie não identificada de Phytoplasma

SINTOMAS

Esta doença foi registada em plantas multivitamínicas e a sua incidência foi esporádica no campo entre as plantas saudáveis. Algumas das plantas apresentaram esta doença, que incluía o encurtamento da folha, tornando-se de cor esverdeada mais intensa e a maioria das folhas encontrava-se murcha em comparação com as folhas saudáveis, que eram maiores em tamanho e de cor esverdeada. Antes disso, a ocorrência da doença era desconhecida na Índia (observação pessoal dos autores).

GESTÃO:

A pulverização de inseticida sistémico permite controlar esta doença.

64. PLANTA: *Sesamum indicum* L.

Família: Pedaliaceae

64.1 DOENÇA: Mancha foliar de Cercospora

ORGANISMO CAUSAL: *Cercospora sesami*

SINTOMAS

Nas folhas, manchas necróticas com bordos castanhos escuros aparecem de forma dispersa (Bubak, 1906; Enikuomrhin, 2006; Bhandari *et al.*,2014; Avan. M,2021).

GESTÃO:

Thiophanate- methyl ou benomyl (Singh,2006), aplicação no solo de bolo de neem + resíduos de folhas de *eucalipto*, óleo de neem ou extrato de semente de neem + bolo de neem e *Pseudomonas fluorescens* (Arumugam *et al.*,2010) serão eficazes.

64.2 DOENÇA: Amortecimento

ORGANISMOS CAUSAIS: *Rhizoctonia solani, Fusarium* spp., *Alternaria tenuis*

SINTOMAS

As plântulas infectadas tornam-se amarelas e a planta entra em colapso (Kishore *et al.*,1985; Alam *et al.*,1996; Carkaci e Maden,1998; Li *et al.*,2008; Barguil *et al.*,2009; Avan. M,2021).

GESTÃO:

Mancozeb, oxicloreto de cobre e carbendazim (Mondal *et al.*,2018), *Trichoderma* spp. (Mondal *et al.*,2018) gerem esta doença.

64.3 DOENÇA: Podridão radicular

ORGANISMO CAUSAL: *Macrophomina phaseolina*

SINTOMAS:

Em caso de doença, observa-se o amarelecimento das folhas e a murchidão das plantas. O crescimento de micélios semelhantes a algodão aparece na área do colarinho. (Subbiah *et al.,*1996; Boby e Bagyaraj, 2003; Kamalakannan *et al.,*2006; Zimowska,2008; Martini *et al.,*2009; Govindappa *et al.,*2010; Ziedan *et al.,*2010; Zimowska,2015; Aganer e Cere,2017; Avan. M,2021).

GESTÃO:

A aplicação de mancozeb, oxicloreto de cobre (Mondal *et al.,*2018), carbendazim + mancozeb (Ingle *et al.,*2014), *Trichoderma harzianum* (Govindapa *et al.,*2010) *T. viride+ Pseudomonas fluorescens* (Ingle *et al.,*2014) e *Glomus fasciculatum* (Mondal *et al.,*2018) são as recomendações para o controlo da doença.

64.4 DOENÇA: Murchidão

ORGANISMO CAUSAL: *Fusarium oxysporum* F. sp. *sesami*

SINTOMAS:

As plantas começam a desvanecer-se com o aparecimento de crescimento cotonoso à volta da raiz principal (Nelson *et al.,*1960; Gupta *et al.,*2004; Dung *et al.,*2010; Ziedan *et al.,*2010; Avan. M,2021).

GESTÃO:

Benomyl (Szezeponek e Mazur, 2006) ou mancozeb ou carbendazim (Mondal *et al.,*2018), *Trichoderma viride + Pseudomonas fluorescens* (Senthamarai *et al.,*2008), *Bacillus subtilis* (Elewa *et al.,*2011) ou *Trichoderma viride* (Mondal *et al.,*2018) darão um bom controlo.

65. PLANTA: *Solanum nigrum* L.

Família: Solanaceae

65.1 DOENÇA: Oídio

ORGANISMO CAUSAL: *Leveilila taurica* (Sudha e Lakshmana,2007)

SINTOMAS

Os sintomas da doença foram registados em Tamil Nadu (Sudha e Lakshmana,2007). Os sintomas incluem a produção de manchas pulverulentas que aumentam até cobrir toda a folha e, por fim, essa folha seca (Marimuthu *et al.*,2018).

GESTÃO:

A mistura de óleo de neem e água na proporção de 2 colheres de sopa de óleo de neem em 3,785L de água será eficaz.

66. PLANTAS: (a) ***Tabernaemontana divaricata*** e (b) ***T. coronaria*** (L.) R. Br. Ex Roem. & Schult.

Família: Apocynaceae

66.1 DOENÇA: castanha ou negra da folha

ORGANISMO CAUSAL: *Phytophthora citrophthora* (Sushma & Sharma,1999)

SINTOMAS

Manchas castanhas ou pretas e manchas com bordos encharcados de água ou amarelos aparecem nas plantas infectadas (Rana,2017; Sweta & Sundararaj,2022).

GESTÃO:

Recomenda-se o tratamento de sementes benomyl +thiram 1gm cada por kg de sementes (Rana,2017). Utilização de material de plantação isento de doenças e evitar a irrigação por cima.

66.2 DOENÇA: Mancha da folha

ORGANISMO CAUSAL: *Colletotrichum gloeosporioides*

SINTOMAS

A praga começa com o aparecimento de manchas minúsculas, castanhas e castanhas claras que, mais tarde, tomam uma forma irregular e coalescem. As manchas completamente desenvolvidas ficam encharcadas de água e espalham-se por toda a lâmina foliar. As manchas tornam-se visíveis em ambas as superfícies das folhas. Nas folhas, aparecem manchas cinzento-acastanhadas com marcas concêntricas que se juntam para formar manchas (Sweta & Sundararaj,2022).

GESTÃO:

A aplicação de mancozeb 0,2% ou carbendazim 0,1% será útil para o controlo da doença (TNAU Agritech Portal. Diseases flowers crossandra,2022). A pulverização de *Trichoderma virens* revelar-se-á eficaz.

66.3 DOENÇA: Ferrugem

ORGANISMO CAUSAL: *Uredo manilensis* (Martinez-de et al.,2011)

SINTOMAS:

Aparecimento de manchas cloróticas que evoluem para manchas necróticas com uredinia subepidérmica de cor laranja a castanho-avermelhada. Os télios castanhos desenvolvem-se na superfície abaxial das folhas (Alaka & Rao,1990; Sweta & Sundararaj,2022).

GESTÃO:

Utilização de material de plantação isento de doenças e remoção das árvores danificadas do campo. A aplicação de rega gota a gota e a utilização de fertilizantes orgânicos, evitando a utilização de fertilizantes azotados em excesso, etc., permitirão controlar a doença. Além disso, a aplicação de enxofre em pó ao primeiro sinal da doença, a remoção de ervas daninhas para uma melhor circulação do ar, a utilização de uma camada espessa de composto orgânico para cobrir o solo e a queima da planta infetada também serão eficazes para o controlo desta doença.

66.4 DOENÇA: Infeção viral

ORGANISMO CAUSAL: Vírus vegetal

SINTOMAS:

O crescimento anormal ou atrofiado, a descoloração dos frutos, etc. são os sintomas comuns desta doença (Backyard Gardner. *Tabernaemontana divaricate*,2022; Sweta & Sundararaj,2022).

GESTÃO:

O controlo dos vectores (mosca branca, pulgões, etc.), a esterilização das alfaias agrícolas e a utilização de sementes certificadas isentas da doença são recomendações para o controlo da doença.

66.5 DOENÇA: Murchidão

ORGANISMO CAUSAL: *Fusarium oxysporum*

SINTOMAS

O fungo obstrui o tecido vascular na raiz e nos caules, afectando o transporte de água, o que resulta na ocorrência de clorose murcha na superfície inferior das folhas com o progresso da doença. As folhas jovens também são afectadas e as plantas morrem (Sweta & Sundararaj,2022).

GESTÃO:

A aplicação de mycostop (1-2gm/100sq.ft) revelar-se-á eficaz. Evitar a aplicação de fertilizantes com excesso de azoto. Remoção de toda a planta se for severamente afetada.

67. PLANTA: *Terminalia bellerica* (Gaertn.) Roxb.

Família: Combretaceae

67.1 DOENÇA: Mancha da folha

ORGANISMO CAUSAL: *Alternaria alternata*

SINTOMAS:

Inicialmente, desenvolvem-se pequenas lesões encharcadas de água na folhagem. Posteriormente, as manchas tornam-se escuras, castanhas, aumentam de tamanho e fundem-se, resultando no enfraquecimento de todas as folhas. A desfoliação ocorre em caso de infestação grave (Tekade *et al.,*2015).

GESTÃO:

A aplicação de benomil 0,1% ou mancozebe 0,2% ou carbendazim 0,1% será eficaz para o controlo da doença.

68. PLANTA: *Theobroma cacao* L.

Família: Sterculiaceae

68.1 DOENÇA: Mancha foliar de Cercospora

ORGANISMO CAUSAL: *Cercospora* sp.

SINTOMAS

Aparecimento de manchas acastanhadas claras na superfície superior das folhas com lâmina foliar amarelada. Estes sintomas também estão presentes na superfície inferior da folha durante janeiro-fevereiro de

2023. A folha doente parecia pouco saudável (observação pessoal dos autores).

GESTÃO:

A aplicação no solo de torta de neem + resíduos de folhas de *eucalipto*, óleo de neem ou extrato de sementes de neem + torta de neem e *Pseudomonas fluorescens* será eficaz para o controlo.

69. PLANTA: ***Tinospora cordifolia*** (Thunb.) Miers.

Família: Menispermaceae

69.1 DOENÇA: Caule plano

ORGANISMO CAUSAL: Phytoplasma (Lee *et al.,*2000)

SINTOMAS:

Esta doença é mais prevalente nos Ghats Ocidentais de Karnataka (Somashekhara Achar *et al.,*2015). Os ramos afectados da planta expressam o achatamento dos caules durante o inverno (Marimuthu *et al.,*2018).

GESTÃO:

Sugere-se a pulverização de insecticidas sistémicos como o dimetoato e o imidaclopride.

69.2 DOENÇA: Mancha da folha

ORGANISMO CAUSAL: *Macrophomina phaseolina*

SINTOMAS

Inicialmente, na porção apical das folhas, aparecem manchas circulares arredondadas de cor preta azeviche com cerca de 3 cm de diâmetro. O tamanho da mancha de cor aumenta com o progresso da infestação. Na fase avançada da doença, os pontos negros tornam-se ocos e surgem buracos nas folhas nos pontos onde os pontos negros estavam presentes inicialmente. Por vezes, aparecem também manchas cloróticas nas folhas (Sharma,2016; Mondal *et al.,*2018).

GESTÃO:

Trichoderma viride+ *Pseudomonas fluorescens* será eficaz.

69.3 DOENÇA: Mancha da folha

ORGANISMO CAUSAL: *Xanthomonas campestris*

SINTOMAS

A doença afecta o caule e a lâmina foliar durante o período pós-monção. O aparecimento de manchas negras irregulares com halo amarelado na lâmina foliar, nas nervuras centrais e, em alguns casos, também nos pecíolos (Achar et al.,2014; Mondal *et al.,*2018).

GESTÃO:

A aplicação da calda bordalesa, de fungicidas à base de cobre-mercúrio, de oxicloreto de cobre e de uma solução de estreptomicina permite um bom controlo.

69.4 DOENÇA: Mancha foliar de Phoma

ORGANISMO CAUSAL: *Phoma putaminum*

SINTOMAS

Devido a esta doença, o teor de alcalóides diminui consideravelmente (Shivanna *et al.,*2014a; Marimuthu *et al.,*2018).

GESTÃO:

Podem ser aplicados mancozebe e carbendazime.

70. PLANTA: *Trigonella foenum-graecum* L.

Família: Fabaceae

70.1 DOENÇA: Mancha foliar de Cercospora

ORGANISMO CAUSAL: *Cercospora* sp.

SINTOMAS

Na fase inicial, os sintomas cloróticos aparecem na superfície superior da folha. Posteriormente, aparecem manchas ovais acastanhadas irregulares nas superfícies superior e inferior das folhas. Mais tarde, as plantas tornam-se insalubres e secam up. Este sintoma foi visível no campo durante o mês de fevereiro de 2023 (observação pessoal dos autores).

GESTÃO:

A aplicação no solo de torta de neem + resíduos de folhas de *eucalipto*, óleo de neem ou extrato de sementes de neem + torta de neem e *Pseudomonas fluorescens* será eficaz para o controlo da doença,

71. PLANTA: *Vetiveria zizanioides* (L.) Nash

Família: Poaceae

71.1 DOENÇA: Curvularia leaf blight

ORGANISMO CAUSAL: *Curvularia trifolii*

SINTOMAS

A folha infetada apresenta longas lesões necróticas de cor castanha-avermelhada (Alam *et al.*,1983; Sato e Ohkubo,1990; Avan. M,2021).

GESTÃO:

Mancozeb, mistura de bordeaux (Smitha *et al.*,2014), oxicloreto de cobre (Mondal *et al.*,2018), óleo de neem, extractos de *Kalanchoe heterophylla*, *Curcuma amada* e *Adhatoda vasica*, *Trichoderma viride* e *Pseudomonas fluorescens* (Lakpale,2011) revelar-se-ão eficazes.

71.2 DOENÇA: Murchidão

ORGANISMO CAUSAL: *Fusarium* sp.

SINTOMAS

As plantas desvanecem-se e surge um crescimento cotonoso à volta da raiz principal (Nelson *et al.*,1960; Gupta *et al.*,2004; Dung *et al.*,2010; Ziedan *et al.*,2010; Avan. M,2021).

GESTÃO:

Benomyl (Szezeponek e Mazur, 2006) ou mancozeb ou carbendazim (Mondal *et al.*,2018), *Trichoderma viride* + *Pseudomonas fluorescens* (Senthamarai *et al.*,2008), *Bacillus subtilis* (Elewa *et al.*,2011) ou *Trichoderma viride* (Mondal *et al.*,2018) podem ser aplicados.

72. PLANTA: *Wedelia chinensis* (Osbeck) Merr.

Família: Asteraceae

72.1 DOENÇA: Ferrugem

ORGANISMO CAUSAL: *Puccinia* sp.

SINTOMAS

O campo inteiro não foi afetado, mas foram observados sintomas de ferrugem de forma dispersa em algumas plantas. Estas manchas aparecem mais proeminentemente na superfície inferior da folha como uma mancha acastanhada afundada em direção à parte apical de 1/3 da folha. Na superfície ventral, tais manchas não foram observadas. Este tipo de plantas infectadas torna-se pouco saudável e pode ser facilmente detectado. Os sintomas são visíveis no início de fevereiro de 2023 (observação pessoal dos autores).

GESTÃO:

Sugere-se a pulverização de fungicidas como mancozeb ou chlorothalonil. A aplicação de enxofre/oxicloreto de cobre será eficaz.

73. PLANTA: *Withania somnifera* (L.) Dunal

Família: Solanaceae

73.1 DOENÇA: Alternaria leaf blight

ORGANISMOS CAUSAIS: *Alternaria tenuis, A. alternata*

SINTOMAS

A folha afetada apresenta lesões irregulares necróticas castanhas que envolvem uma auréola clorótica (Rai e Tetrawal, 2010; Thakur e Harsh, 2014; Avan. M, 2021).

GESTÃO:

Mancozeb (Mondal *et al.*, 2010a; Jat *et al.*, 2015), mistura bordeaux (Smitha *et al.*, 2014), oxicloreto de cobre, carbendazim (Singh, 2006), extrato de *Ocimum sanctum, Zingiber officinale, Datura metel* ou *Mentha spicata* (Mondal *et al.*, 2010a) podem ser aplicados para controlo.

73.2 DOENÇA: Mancha foliar de Alternaria

ORGANISMOS CAUSAIS: *Alternaria alternata, A. tenuis*

SINTOMAS

Inicialmente, aparecem manchas castanhas e pretas nas folhas com uma auréola amarela e estas aparecem nas superfícies superiores das folhas. Em caso de ataque severo, 90% da área foliar pode estar coberta por essas manchas. Os galhos murcham (Mondal *et al.*, 2018).

GESTÃO:

A aplicação de mancozeb M-45 (0,25%) ou oxicloreto de cobre 50WP (0,4%) em plântulas e o tratamento de sementes com mancozeb M-45 (0,3%) ou oxicloreto de cobre 50WP (0,4%) serão adequados (Mondal *et al.,*2018). Propineb (Parashurama e Shivanna,2013), mancozeb + propiconazole (DMAPR,2012), benomyl, mancozeb, carbendazim (Singh,2006), *Trichoderma viride* (Chauhan e Ravi,2020), extrato de neem (Guleria e Kumar,2006) são também medidas sugeridas.

73.3 DOENÇA: Mancha foliar de Colletotrichum

ORGANISMOS CAUSAIS: *Colletotrichum gleosporioides, C. dematium*

SINTOMAS

Surgem manchas irregulares amareladas ou acastanhadas nas folhas, que aumentam de tamanho. Aparecem anéis concêntricos nas manchas (Sarkar e Dasgupta, 2017). Posteriormente, as manchas coalescem para formar uma mancha. Em casos graves, a planta fica danificada (Mondal *et al.,*2018). Na fase inicial, aparece uma mancha circular castanha avermelhada nas folhas e, subsequentemente, as folhas secam e sofrem uma queda prematura (Tekade *et al.,*2009; Gautam,2014; Zimowska,2015; Avan. M,2021).

GESTÃO:

Mancozeb M-45 (0,25%) ou oxicloreto de cobre 50WP à taxa de 0,4% (Mondal *et al.,*2018), tebuconazole (Mondal *et al.,*2010a, b), dithane (DMAPR,2014), *Trichoderma viride* ou *T. harzianum* (Musheer e Ashraf,2017) são alguns sugeridos para o seu controlo.

73.4 DOENÇA: Amortecimento

ORGANISMO CAUSAL: *Rhizoctonia solani*

SINTOMAS

As plântulas afectadas ficam com uma mancha amarelada que escurece com o tempo. Mais tarde, as plântulas inteiras caem. Os sintomas da doença tornam-se mais pronunciados durante a estação das chuvas. (Jetawat *et al.,*2015; Mondal *et al.,*2018). O amarelecimento das plântulas infectadas com queda de plantas é o sintoma das plantas afectadas

(Kishore *et al.*,1985; Alam *et al.*,1996; Carkaci e Maden,1998; Li *et al.*,2008; Barguil *et al.*,2009; Avan. M,2021).

GESTÃO:

Mancozeb M-45 (0,25%) ou oxicloreto de cobre 50WP à taxa de 0,4% e carbendazim, *Trichoderma* spp. (Mondal *et al.*, 2018) são medidas sugeridas.

73.5 DOENÇA: Podridão dos frutos

ORGANISMO CAUSAL: *Myrothecium* sp.

SINTOMAS:

Os frutos apresentam sintomas de podridão húmida (Shukla *et al.*,2006; Singh *et al.*,2011; Avan. M,2021)

GESTÃO:

A aplicação de mancozebe será eficaz.

73.6 DOENÇA: Mancha foliar de Myrothecium

ORGANISMO CAUSAL: *Myrothecium roridum*

SINTOMAS:

Aparecem manchas amarelas ou castanhas embebidas em água nas folhas (Shivanna *et al.*,2014; Avan. M,2021).

GESTÃO:

Podem ser aplicados mancozebe e carbendazime.

73.7 DOENÇA: Podridão húmida

ORGANISMO CAUSAL: *Choanephora cucurbitarum*

SINTOMAS:

Aparecem lesões encharcadas de água nas folhas e caules e, gradualmente, estes sofrem apodrecimento. As lesões maduras apresentam frutificações negras do agente patogénico (Mondal *et al.*,2018).

GESTÃO:

Mancozeb M-45 (0,25%) ou oxicloreto de cobre 50WP à taxa de 0,4% (Mondal *et al.,*2018), etc. são as recomendações para o controlo desta doença.

73.8 DOENÇA: Murchidão

ORGANISMO CAUSAL: *Fusarium solani*

SINTOMAS

A planta atacada apresenta sintomas de queda e, gradualmente, também desenvolve sintomas de murchidão (Gupta *et al.,*2004). A raiz da planta infetada apresenta uma polpa de cor acastanhada e, na parte basal, observa-se um crescimento branco e cotonoso do fungo. A planta de viveiro também apresenta sintomas únicos e caídos (Mondal *et al.,*2018). As plantas ficam desbotadas e o crescimento de algodão aparece em torno da raiz principal (Nelson *et al.,*1960; Gupta *et al.,*2004; Dung *et al.,*2010; Ziedan *et al.,*2010; Avan. M,2021).

GESTÃO:

Carbendazim 50WP a uma taxa de 0,1% (Mondal *et al.,*2018), benomyl (Szezeponek e Mazur, 2006) ou mancozeb ou carbendazim (Mondal *et al.,*2018), *Trichoderma viride + Pseudomonas fluorescens* (Senthamarai *et al.,*2008), *Bacillus subtilis* (Elewa *et al.,*2011) ou *Trichoderma viride* (Mondal *et al.,*2018) reduzirão os sintomas da doença.

74. PLANTA: ***Zingiber officinale*** Roscoe.

Família: Zingiberaceae

74.1 DOENÇA: Podridão do rizoma

ORGANISMO CAUSAL: *Pythium aphanidermatum*

SINTOMAS

Aparecem formações de tecido esponjoso ou duro de cor castanha amarelada a castanha (Stirling *et al.,*2009; Avan. M,2021).

GESTÃO:

O oxicloreto de cobre/ mancozeb/ carbendazim (Mondal *et al.,*2018) será aconselhável para o controlo.

II. DISCUSSÃO SOBRE DOENÇAS PATOGÉNICAS:

ORGANISMO CAUSAL: *Aecidium adhatodae* (Fungo)

1. DOENÇA: Ferrugem da folha

Hospedeiro: *Adhatoda vasica* (L.) Nees

ORGANISMO CAUSAL: *Alternaria alternata* (Fungo)

1. DOENÇA: Alternaria blight

HÓSPEDE: *Cassia angustifolia* Vahl.

2. DOENÇAS: Alternaria leaf blight

HOSTES: *Chlorophytum borivilianum* Santapau & R.R. Fern., *Mentha* sp. L., *Pelargonium* spp. L., *Plantago ovata* Forssk., *Ocimum sanctum* L.

3. DOENÇA: Mancha foliar fúngica

HÓSPEDE: *Ocimum sanctum* L.

4. DOENÇAS: Mancha da folha

HOSTES: *Tabernaemontana divaricata* e *T. coronaria* (L.) R. Br. Ex Roem. & Schult.

5. DOENÇA: Mancha negra necrótica

HÓSPEDE: *Murraya koenigii* (L.) Spring

6. DOENÇA: Necrose da folha

HOSTES: *Adhatoda vasica* (L.) Nees., *Cassia angustifolia* Vahl., *Datura innoxia* Mill., *Terminalia bellerica* (Gaertn.) Roxb.

7. DOENÇAS: Podridão seca dos frutos

HÓSPEDE: *Morinda citrifolia* L.

ORGANISMO CAUSAL: *Alternaria carthami* (Fungo)

1. DOENÇA: Mancha foliar de Alternaria

HÓSPEDE: *Carthamus tinctorius* L

ORGANISMO CAUSAL: *Alternaria dianthi* (Fungo)

1. DOENÇA: Mancha foliar de Alternaria

Hospedeiro: *Dianthus caryophyllus* L.

ORGANISMO CAUSAL: *Alternaria tenuis* (Fungo)

1. DOENÇA: Alternaria leaf blight

HOSTES: *Rauvolfia serpentina* (L.) Benth. ex Kurz., *Withania somnifera* (L.) Dunal.

ORGANISMO CAUSAL: Uma espécie não identificada de Phytoplasma

1. DOENÇA: Folha pequena

HÓSPEDE: *Sauropus androgynus* (L.) Merr.

ORGANISMO CAUSAL: *Ascochyta atropae* (Fungo)

1. DOENÇA: Necrose das folhas

Hospedeiro: *Atropa belladonna* L.

ORGANISMO CAUSAL: *Aspergillus flavus* (fungo saprotrófico e patogénico)

1. DOENÇA: Podridão radicular

HÓSPEDE: *Chlorophytum borivilianum* Santapau & R.R. Fern.

ORGANISMO CAUSAL: *Balansia sclerotia* (Fungo)

1. DOENÇA: Folha pequena ou rebento herbáceo

HOSTES: *Cymbopogon citratus* (DC.) Stapf., *C. flexuosus* (Nees ex Steud.) W. Watson., *C. martinii* (Roxb.) Wats.

ORGANISMO CAUSAL: Belladonna mottle virus I

1. DOENÇA: Manchas de beladona

Hospedeiro: *Atropa belladonna* L.

ORGANISMO CAUSAL: *Boeremia exigua*

1. DOENÇA: Podridão radicular

HÓSPEDE: *Origanum dubium* Boiss

1. DOENÇA: Podridão do caule

HÓSPEDE: *Origanum dubium* Boiss.

.

ORGANISMO CAUSAL: *Botryodiplodia theobromae* (Fungo)

1. DOENÇA: Mancha da folha

HOSTES: *Coleus forskohlii* Briq., *Piper longum* L.

ORGANISMO CAUSAL: *Botrytis cinerea* (Fungo Necrotrófico)

1. DOENÇA: Botrytis leaf blight

HOSTES: *Dianthus caryophyllus* L., *Hibiscus rosa-sinensis* L., *Pelargonium* spp. L., *Rosa chinensis* Jacq., *Rosa damascena* Mill.

2. DOENÇA: Bolor cinzento

HOSTES: *Dianthus caryophyllus* L., *Ocimum sanctum* L., *Rosa chinensis* Jacq., *Rosa damascena* Mill.

ORGANISMO CAUSAL: *Caeoma* sp. (Fungo)

1. DOENÇA: Ferrugem

Hospedeiro: *Rosa* sp. L.

ORGANISMO CAUSAL: *Candidatus* Phytoplasma brasiliense

1. DOENÇA: Vassoura-de-bruxa do hibisco

HÓSPEDE: *Hibiscus rosa-sinensis* L.

ORGANISMO CAUSAL: *Candidatus* Phytoplasma trifolii (grupo 16SrVI)

1. DOENÇA: Folha pequena

HOSTES: *Datura metel* L., *Datura stramonium* L.

ORGANISMO CAUSAL: *Cephaleuros minimus* (Alga patogénica)

1. DOENÇA: Mancha da folha

HÓSPEDE: *Morinda citrifolia* L.

ORGANISMO CAUSAL: *Cercospora atropa* (Fungo Ascomiceto)

1. DOENÇA: Mancha foliar de Cercospora

Hospedeiro: *Atropa belladonna* L.

ORGANISMO CAUSAL: *Cercospora centellae* (Fungo)

1. DOENÇA: Mancha da folha

Hospedeiro: *Centella asiatica* L.

ORGANISMO CAUSAL: *Cercospora malkoffii* (Fungo)

1. DOENÇA: Mancha foliar de Cercospora

HOST: *Pimpinella anisum* L.

ORGANISMO CAUSAL: *Cercospora ocimicola* (Fungo)

1. DOENÇA: Mancha foliar de Cercospora

HÓSPEDE: *Ocimum sanctum* L.

2. DOENÇA: Mancha foliar fúngica

HÓSPEDE: *Ocimum sanctum* L.

ORGANISMO CAUSAL: *Cercospora piperata* (Fungo)

1. DOENÇA: Mancha foliar de Cercospora

HÓSPEDE: *Piper longum* L.

ORGANISMO CAUSAL: *Cercospora rauvolfiae* (Fungo)

1. DOENÇA: Mancha foliar de Cercospora

Hospedeiro: *Rauvolfia serpentina* (L.) Benth. ex Kurz.

ORGANISMO CAUSAL: *Cercospora serpitinae* (Fungo)

1. DOENÇA: Mancha da folha

Hospedeiro: *Rauvolfia serpentina* (L.) Benth. ex Kurz.

ORGANISMO CAUSAL: *Cercospora sesami* (Fungo)

1. DOENÇA: Mancha foliar de Cercospora

Hospedeiro: *Sesamum indicum* L.

ORGANISMO CAUSAL: *Cercospora* sp. (Fungo)

1. DOENÇA: Mancha foliar de Cercospora

HOSTES: *Andrographis paniculata* (Burm. f.) Wall. ex Nees., *Emblica officinalis* Gaertn., *Theobroma cacao* L., *Trigonella foenum-graecum* L.

2. DOENÇAS: Ferrugem da folha

Hospedeiro: *Kalanchoe pinnata* (Lam.) Pers.

3. DOENÇA: Mancha da folha

HOSTES: *Cassia angustifolia* Vahl., *Eupatorium triplinerve* Vahl.

ORGANISMO CAUSAL: *Cercospora jamaicensis* (Fungo)

1. DOENÇA: Mancha foliar de Cercospora

HOSTES: *Datura metel* L., *Datura stramonium* L.

ORGANISMO CAUSAL: *Choanephora infundibulifera* (Fungo)

1. DOENÇA: Choanephora blight

HÓSPEDE: *Hibiscus rosa-sinensis* L.

ORGANISMO CAUSAL: *Colletotrichum capsica* (Fungo)

1. DOENÇA: Mancha foliar ou antracnose

HÓSPEDE: *Boerhavia diffusa* L.

ORGANISMO CAUSAL: *Colletotrichum caudatum* (Fungo)

1. DOENÇA: Colletotrichum leaf blight

HOSTES: *Cymbopogon citratus* (DC.) Stapf., *C. flexuosus* (Nees. ex Steud.) W. Watson

ORGANISMO CAUSAL: *Colletotrichum dematium* (Fungo)

1. DOENÇA: Antracnose

HOSTES: *Origanum vulgare* L., *Salvia officinalis* L.

2. DOENÇA: Colletotrichum leaf blight

HOSTES: *Chlorophytum borivilianum* Santapau & R.R. Fern., *Rauvolfia serpentina* (L.) Benth. ex Kurz.

3. DOENÇA: Morrer para trás

Hospedeiro: *Rauvolfia serpentina* (L.) Benth. ex Kurz.

4. DOENÇAS: Ferrugem da folha

HÓSPEDE: *Aristolochia bracteate* Lam.

ORGANISMO CAUSAL: *Colletotrichum fuscum* (Fungo)

1. DOENÇA: Mancha foliar de Colletotrichum

Hospedeiro: *Origanum vulgare* L.

ORGANISMO CAUSAL: *Colletotrichum gloeosporioides* (Fungo)

1. DOENÇA: Antracnose

HOSPEDEIROS: *Adhatoda vasica* (L.) Nees, *Aloe vera* L. (*Aloe barbadensis* Mill.), *Hibiscus rosa-sinensis* L.

2. DOENÇA: Mancha negra necrótica

HÓSPEDE: *Murraya koenigii* (L.) Spring.

3. DOENÇA: Mancha foliar de Colletotrichum

HOSTES: *Ocimum sanctum* L., *Pelargonium* spp. L., *Withania somnifera* (L.) Dunal.

4. DOENÇA: Mancha foliar fúngica

HÓSPEDE: *Ocimum sanctum* L.

5. DOENÇAS: Ferrugem da folha

HOSTES: *Acorus calamus* L., *Mucuna pruriens* (L.) DC., *Piper longum* L.

6. DOENÇA: Necrose da folha

Hospedeiro: *Adhatoda vasica* (L.) Nees.

7. DOENÇAS: Mancha da folha

HOSTES: *Tabernaemontana divaricata* e *T. coronaria* (L.) R. Br. Ex Roem. & Schult.

ORGANISMO CAUSAL: *Colletotrichum graminicola* (Fungo)

1. DOENÇA: Mancha vermelha das folhas

HOSTES: *Cymbopogon citratus* (DC.) Stapf., *C. flexuosus* (Nees ex Steud.) W. Watson., *C. martinii* (Roxb.) Wats.

ORGANISMO CAUSAL: Vírus da datura colombiana

1. DOENÇA: Mosaico

Hospedeiro: *Datura stramonium* L.

ORGANISMO CAUSAL: *Corticium rolfsii* (Fungo Corticioide)

1. DOENÇA: Podridão do colarinho

HÓSPEDE: *Chlorophytum borivilianum* Santapau & R.R. Fern.

ORGANISMO CAUSAL: *Corticium solani* (Fungo)

1. DOENÇAS: Podridão da raiz e do pé

Hospedeiro: *Datura stramonium* L.

ORGANISMO CAUSAL: *Corynespora casiicola* (Fungo)

1. DOENÇA: Mancha foliar de Corynespora

HOSTES: *Coleus forskohlii* Briq, *Mentha arvensis* L., *Ocimum basilicum* L., *Rauvolfia serpentina* (L.) Benth. ex Kurz.

2. DOENÇA: Mancha da folha

Hospedeiro: *Coleus forskohlii* Briq.

3. DOENÇA: Mancha foliar alvo

Hospedeiro: *Rauvolfia serpentina* (L.) Benth. ex Kurz.

ORGANISMO CAUSAL: Vírus do mosaico do pepino

1. DOENÇA: Mosaico

Hospedeiro: *Rauvolfia serpentina* (L.) Benth. ex Kurz.

ORGANISMO CAUSAL: *Curvularia andropogonis* (Fungo)

1. DOENÇA: Curvularia leaf blight

HOSTES: *Cymbopogon citratus* (DC.) Stapf., *C. flexuosus* (Nees ex Steud.) W. Watson., *C. martinii* (Roxb.) Wats., *Cymbopogon nardus* (L.) Rendle.

2. DOENÇA: Mancha foliar de Curvularia

HOSTES: *Cymbopogon citratus* (DC.) Stapf., *C. flexuosus* (Nees ex Steud.) W. Watson.

ORGANISMO CAUSAL: *Curvularia lunata* (Fungo)

1. DOENÇA: Mancha foliar de Curvularia

HOSTES: *Lawsonia inermis* L., *Mentha arvensis* L.

2. DOENÇAS: Ferrugem da folha

Hospedeiro: *Coleus forskohlii* Briq.

ORGANISMO CAUSAL: *Curvularia paradissi* (Fungo)

1. DOENÇA: Ferrugem da folha

Hospedeiro: *Costus speciosus* Koen. ex. Retz.

ORGANISMO CAUSAL: *Curvularia trifolii* (Fungo)

1. DOENÇA: Curvularia leaf blight

HOSTES: *Cymbopogon citratus* (DC.) Stapf., *C. flexuosus* (Nees ex Steud.) W. Watson., *Vetiveria zizanioides* (L.) Nash.

2. DOENÇA: Mancha foliar de Curvularia

Hospedeiro: *Rauvolfia serpentina* (L.) Benth. ex Kurz.

ORGANISMO CAUSAL: *Diplocarpon rosae* (Fungo)

1. DOENÇA: Mancha foliar de Diplocarpon

HOSTES: *Rosa chinensis* Jacq., *Rosa damascena* Mill.

ORGANISMO CAUSAL: *Ellisiella caudate* (Fungo)

1. DOENÇA: Ellisiella leaf blight

HOSTES: *Cymbopogon citratus* (DC.) Stapf., *C. flexuosus* (Nees ex Steud.) W. Watson., *C. martinii* (Roxb.) Wats.

ORGANISMO CAUSAL: *Erwinia* sp. (Bactéria Gram-negativa)

1. DOENÇA: Morrer para trás

HÓSPEDE: *Hibiscus rosa-sinensis* L.

ORGANISMO CAUSAL: *Erysiphe biocellata* (Fungo)

1. DOENÇA: Oídio

HÓSPEDE: *Ocimum sanctum* L.

ORGANISMO CAUSAL: *Erysiphe cichoracearum* (Fungo)

1. DOENÇA: Oídio

HÓSPEDE: *Mentha arvensis* L.

ORGANISMO CAUSAL: *Erysiphe graminis* (Fungo)

1. DOENÇA: Oídio

Hospedeiro: *Cymbopogon citratus* (DC.) Stapf.

ORGANISMO CAUSAL: *Exobasidium vexans* (Fungo)

1. DOENÇA: Crestamento bacteriano

Hospedeiro: *Camellia sinensis* L.

ORGANISMO CAUSAL: *Fusarium chlamydosporum* (Fungo)

1. DOENÇAS: Podridão radicular e murchidão

Hospedeiro: *Coleus forskohlii* Briq.

ORGANISMO CAUSAL: *Fusarium moniliforme* (Fungo)

1. DOENÇA S: Podridão e murchidão do colo

HÓSPEDE: *Cymbopogon citratus* (DC.) Stapf.

ORGANISMO CAUSAL: *Fusarium oxysporum* (Fungo)

1. DOENÇA: Podridão basal do caule

Hospedeiro: *Aloe vera* L. (*Aloe barbadensis* Mill.)

2. DOENÇA: Podridão do colarinho

HÓSPEDE: *Pogostemon cablin* (Blanco) Benth.

3. DOENÇA: Amortecimento

HÓSPEDE: *Salvia officinalis* L.

4. DOENÇAS: Murchidão de Fusarium

HOSPEDEIROS: *Morinda citrifolia* L., *Ocimum sanctum* L.

5. DOENÇAS: Podridão radicular

HOSPEDEIROS: *Aloe vera* L. (*Aloe barbadensis* Mill.), *Asparagus* spp. L.

6. DOENÇAS: Podridão do caule

Hospedeiro: *Asparagus* spp. L.

7. DOENÇA: Murchidão

HOSTES: *Adhatoda vasica* (L.) Nees, *Carthamus tinctorius* L., *Cassia angustifolia* Vahl, *Dianthus caryophyllus* L., *Emblica officinalis* Gaertn, *Hibiscus rosa-sinensis* L., Plantago ovata Forssk, *Plantago ovata* Forssk., *Sesamum indicum* L., *Tabernaemontana divaricata* e *T. coronaria* (L.) R. Br. Ex Roem. & Schult., *Vetiveria zizanioides* (L.) Nash.

ORGANISMO CAUSAL: *Fusarium pallidoroseum* (Fungo)

1. DOENÇA: Podridão das folhas

HÓSPEDE: *Piper longum* L.

ORGANISMO CAUSAL: *Fusarium proliferatum* (Fungo)

1. DOENÇA: Podridão radicular

HÓSPEDE: *Morinda citrifolia* L.

ORGANISMO CAUSAL: *Fusarium solani* (Fungo)

1. DOENÇA: Amortecimento

Hospedeiro: *Papaver somniferum* L.

2. DOENÇA: Podridão do rizoma

Hospedeiro: *Costus speciosus* Koen. ex. Retz.

3. DOENÇAS: Podridão radicular/murchidão

Hospedeiro: *Atropa belladonna* L.

ORGANISMO CAUSAL: *Fusarium sporotrichioides* (Fungo)

1. DOENÇA: Murchidão

Hospedeiro: *Lavandula* spp. L.

ORGANISMO CAUSAL: *Ganoderma lucidium* (Fungo)

1. DOENÇA: Podridão radicular

Hospedeiro: *Azadirachta indica* L.

ORGANISMO CAUSAL: *Ganoderma pseudoferreum* (Fungo)

DOENÇA: Podridão vermelha da raiz

Hospedeiro: *Camellia sinensis* L.

ORGANISMO CAUSAL: *Glomeralla cingulate* (Fungo)

1. DOENÇAS: Murchidão e cancro

Hospedeiro: *Camellia sinensis* L.

ORGANISMO CAUSAL: *Golovinomyces neosalviae* (Fungo)

1. DOENÇA: Oídio

HÓSPEDE: *Salvia officinalis* L.

ORGANISMO CAUSAL: *Hemileia vastatrix* (Fungo)

1. DOENÇA: Ferrugem

Hospedeiro: *Coffea arabica* L.

ORGANISMO CAUSAL: *Kuehneola malvicola* (Fungo)

1. DOENÇA: Ferrugem

HÓSPEDE: *Hibiscus rosa-sinensis* L.

ORGANISMO CAUSAL: *Leveilila taurica* (Hialina e Septada, Fungo Endofítico)

1. DOENÇA: Oídio

Hospedeiro: *Solanum nigrum* L.

ORGANISMO CAUSAL: *Macrophomina phaseolina* (Fungo)

1. DOENÇA: Podridão do carvão vegetal

HOSTES: *Datura metel* L., *Datura stramonium* L.

2. DOENÇA: Podridão seca

HÓSPEDE: *Cassia angustifolia* Vahl.

3. DOENÇA: Macrophomina leaf blight

HOSTES: *Chlorophytum borivilianum* Santapau & R.R. Fern., *Rauvolfia serpentina* (L.) Benth. ex Kurz.

4. DOENÇA: Mancha foliar de Macrophomina

HOSTES: *Chlorophytum borivilianum* Santapau & R.R. Fern, *Tinospora cordifolia* (Thunb.) Miers.

5. DOENÇAS: Podridão radicular

HOSTES: *Andrographis paniculata* (Burm. f.) Wall. ex Nees., *Carthamus tinctoria* L., *Gloriosa superba* L., *Origanum* spp. L., *Rauvolfia serpentina* (L.) Benth. ex Kurz., *Sesamum indicum* L.

6. DOENÇA: Podridão dos estolhos

Hospedeiro: *Mentha* sp. L.

ORGANISMO CAUSAL: *Macrophoma theicola* (Fungo)

1. DOENÇA: Morte dos ramos / cancro do caule

Hospedeiro: *Camellia sinensis* L.

ORGANISMO CAUSAL: *Nigraspora sphaerica* (fungo filamentoso transmitido pelo ar)

1. DOENÇA: Ferrugem da folha

HÓSPEDE: *Hibiscus rosa-sinensis* L.

ORGANISMO CAUSAL: *Oidium azadiractae* (Fungo)

1. DOENÇA: Oídio

Hospedeiro: *Azadirachta indica* L.

ORGANISMO CAUSAL: *Pantoea agglomerans* (Bactéria Gram-negativa)

1. DOENÇA: Podridão mole dos frutos

HOST: *Morinda citrifolia* L.

ORGANISMO CAUSAL: *Passalora acori (=Cercospora acori)* (Fungo)

1. DOENÇA: Mancha da folha

HÓSPEDE: *Acorus calamus* L.

ORGANISMO CAUSAL: *Passalora malkoffii* (Fungo)

1. DOENÇA: Crestamento da Passalora

HÓSPEDE: *Pimpinella anisum* L.

ORGANISMO CAUSAL: *Pectobacterium chrysanthemi* (bactéria Gram-negativa, não formadora de esporos, aeróbica, móvel e em forma de bastonete)

1. DOENÇA: Podridão mole bacteriana

Hospedeiro: *Aloe vera* L. (*Aloe barbadensis* Mill.)

ORGANISMO CAUSAL: *Penicillium citrinum* (Anamorfo, Fungo Mesófilo)

1. DOENÇA: Bolor azul

HÓSPEDE: *Emblica oficinalis* Gaertn.

ORGANISMO CAUSAL: *Peronospora parasitica* (Fungo)

1. DOENÇA: Míldio

Hospedeiro: *Atropa belladonna* L.

ORGANISMO CAUSAL: *Peronospora plantaginis* (Fungo)

1. DOENÇA: Míldio

Hospedeiro: *Plantago ovata* Forssk.

ORGANISMO CAUSAL: *Peronospora belbahrii* (Fungo)

1. DOENÇA: Míldio

HOSTES: *Coleus forskohlii* Briq., *Ocimum sanctum* L.

ORGANISMO CAUSAL: *Peronospora lamii* (Fungo)

1. DOENÇA: Míldio

Hospedeiro: *Rosmarinus officinalis* L.

ORGANISMO CAUSAL: *Peronospora sparsa* (Fungo)

1. DOENÇA: Míldio

Hospedeiro: *Rosa* sp. L.

ORGANISMO CAUSAL: *Peronospora* spp. (Fungo)

1. DOENÇA: Míldio

Hospedeiro: *Papaver somniferum* L.

ORGANISMO CAUSAL: *Pestalotiopsis* sp. (Fungo Nacrotrófico)

1. DOENÇA: Crestamento cinzento ou podridão cinzenta ou mancha foliar de pestalotiopsis

HOSTES: *Cymbopogon citratus* (DC.) Stapf., *C. flexuosus* (Nees ex Steud.) W. Watson., *C. martinii* (Roxb.) Wats.

ORGANISMO CAUSAL: *Phakospora pachyrhizi,* (fungo biotrófico obrigatório)

1. DOENÇA: Ferrugem

Hospedeiro: *Aloe vera* L. (*Aloe barbadensis* Mill.)

ORGANISMO CAUSAL: *Phoma herbarum* (Fungo)

1. DOENÇA: Mancha foliar de Phoma

Hospedeiro: *Origanum vulgare* L.

ORGANISMO CAUSAL: *Phoma multirostrata* var. *macrospora* (Fungo)

1. DOENÇA: Phoma leaf blight

Hospedeiro: *Origanum vulgare* L.

ORGANISMO CAUSAL: *Phoma putaminum* (Fungo)

1. DOENÇA: Mancha foliar de Phoma

HOSTES: *Costus speciosus* Koen. ex. Retz., *Tinospora cordifolia* (Thunb.) Miers.

ORGANISMO CAUSAL: *Phoma strasseri* (Fungo)

1. DOENÇA: Caule e rizoma

HÓSPEDE: *Mentha arvensis* L.

ORGANISMO CAUSAL: *Phomopsis phyllanthi* (Fungo)

1. DOENÇA: Podridão dos frutos

HÓSPEDE: *Emblica officinalis* Gaertn.

ORGANISMO CAUSAL: *Phomopsis sclarea* (Fungo)

1. DOENÇA: Podridão do caule

Hospedeiro: *Salvia officinalis* L.

ORGANISMO CAUSAL: *Phyllosticta* spp. (Fungo)

1. DOENÇA: Ferrugem da folha

HÓSPEDE: *Cassia angustifolia* Vahl.

ORGANISMO CAUSAL: *Phythophthora* spp. (Fungo)

1. DOENÇA: Podridão da coroa

HOSTES: *Rosa chinensis* Jacq., *Rosa damascena* Mill

2. DOENÇA: Amortecimento

HOSTES: *Rosa chinensis* Jacq., *Rosa damascena* Mill.

3. DOENÇA: Phytophthora leaf blight

HÓSPEDE: *Piper longum* L.

4. DOENÇAS: Podridão radicular

HOSTES: *Rosa chinensis* Jacq., *Rosa damascena* Mill.

ORGANISMO CAUSAL: *Phytophthora asparagi* (Fungo)

1. DOENÇAS: Phytophthora crown, root and spear

Hospedeiro: *Asparagus officinalis* L.

ORGANISMO CAUSAL: *Phytophthora cinnamomic* (Fungo)

DOENÇA: Podridão radicular

Hospedeiro: *Camellia sinensis* L.

ORGANISMO CAUSAL: *Phytophthora citrophthora* (Fungo)

1. DOENÇA: Mancha castanha ou negra da folha

HOSTES: *Tabernaemontana divaricata e T. coronaria* (L.) R. Br. Ex Roem. & Schult.

2. DOENÇA: Murchidão

Hospedeiro: *Rosmarinus officinalis* L.

ORGANISMO CAUSAL: *Phytophthora cryptogea* (Fungo)

1. DOENÇA: Podridão da coroa

Hospedeiro: *Salvia officinalis* L.

ORGANISMO CAUSAL: *Phytophthora nicotianae,* (Fungo)

1. DOENÇA: Podridão do caule

HOSTES: *Lavandula* spp. L., *Origanum vulgare* L.

2. DOENÇA: Podridão radicular

Hospedeiro: *Lavandula* spp. L.

ORGANISMO CAUSAL: Phytoplasma (16SrII-D) (Bactéria transmitida por insectos, sem paredes, não cultivável)

1. DOENÇA: Vassoura de bruxa de Kalmegh

Hospedeiro: *Andrographis paniculata* (Burm.f.) Wall. ex Nees.

ORGANISMO CAUSAL:

1. DOENÇA: Caule plano

HOSTES: *Costus speciosus* Koen ex. Retz., *Tinospora cordifolia* (Thunb.) Miers.

ORGANISMO CAUSAL: Phytoplasma (organismos semelhantes a micoplasmas ou MLOs)

1. DOENÇA: Fitoplasma

HÓSPEDE: *Morinda citrifolia* L.

ORGANISMO CAUSAL: *Pleospora papaveracea* (fungo transmitido por sementes)

1. DOENÇA: Podridão da coroa

Hospedeiro: *Papaver somniferum* L.

ORGANISMO CAUSAL: *Podosphaera macularis* (Fungo)

1. DOENÇA: Oídio

HOSTES: *Hibiscus rosa-sinensis* L., *Humulus lupulus* L., *Rosa damascena* Mill.

ORGANISMO CAUSAL: *Pseudocercospora subsessilis* (Fungo)

1. DOENÇA: Mancha da folha

Hospedeiro: *Azadirachta indica* L.

ORGANISMO CAUSAL: *Pseudomonas azadiractae* (Bactéria Gram-negativa)

1. DOENÇA: Murchidão bacteriana

Hospedeiro: *Azadirachta indica* L.

ORGANISMO CAUSAL: *Pseudomonas cichorii* (Gram-negativa, bactéria do solo)

1. DOENÇA: Mancha bacteriana das folhas

HOSPEDEIROS: *Hibiscus rosa-sinensis* L., *Ocimum sanctum* L.

ORGANISMO CAUSAL: *Pseudomonas syringae.* (Bactéria Gram-negativa, em forma de bastonete)

1. DOENÇAS: Oídio e mancha foliar

HÓSPEDE: *Gymnema sylvestre* (Retz.) Schult.

ORGANISMO CAUSAL: *Pseudoperonospora humuli* (parasita obrigatório ou fungo biotrófico)

1. DOENÇA: Míldio

HÓSPEDE: *Humulus lupulus* L.

ORGANISMO CAUSAL: *Puccinia asparagi* (fungo autoecioso)

1. DOENÇA: Ferrugem

HOSTES: *Asparagus officinalis* L., *Cymbopogon citratus* (DC.) Stapf., *C.* flexuosus (Nees ex Steud.) W. Watson., *C. martinii* (Roxb.) Wats., *Mentha arvensis* L., *Origanum vulgare* L., *Pelargonium spp.* L., *Pimpinella anisum* L., *Wedelia chinensis* (Osbeck) Merr.

ORGANISMO CAUSAL: *Puccinia thwaitesii* (Fungo)

1. DOENÇAS: Alternaria blight e ferrugem

Hospedeiro: *Adhatoda vasica* (L.) Nees.

ORGANISMO CAUSAL: *Pythium aphanidermatum* (fungo do solo)

1. DOENÇA: Amortecimento

Hospedeiro: *Cymbopogon citratus* (DC.) Stapf.

2. DOENÇA: Morrer para trás

Hospedeiro: *Catharanthus roseus* (L.) G. Don

3. DOENÇA: Amarelecimento letal

Hospedeiro: *Cymbopogon citratus* (DC.) Stapf.

4. DOENÇAS: Podridão do rizoma

HÓSPEDE: *Zingiber officinale* Roscoe.

ORGANISMO CAUSAL: *Pythium spirosum* (Fungo)

1. DOENÇA: Podridão do rizoma por Pythium

Hospedeiro: *Costus speciosus* Koen. ex. Retz.

ORGANISMO CAUSAL: *Pythium ultimum* (Fungo

1. DOENÇA: Amortecimento

Hospedeiro: *Atropa belladonna* L.

ORGANISMO CAUSAL: *Ralstonia solanacearum* (bactéria Gram-negativa, não formadora de esporos, aeróbica)

1. DOENÇA: Murchidão

HOSTES: *Centella asiatica* L., *Coleus forskohlii* Briq.

ORGANISMO CAUSAL: *Rhizoctonia bataticola* (fungo do solo)

1. DOENÇA: Amortecimento

HÓSPEDE: *Cassia angustifolia* Vahl.

ORGANISMO CAUSAL: *Rhizoctonia solani* (Fungo)

1. DOENÇA: Praga aérea

HOSTES: *Coleus forskohlii* Briq., *Mentha arvensis* L.

2. DOENÇA: Amortecimento

HOSTES: *Dianthus caryophyllus* L., *Lavandula* spp. L., *Pimpinella anisum* L., *Sesamum indicum* L., *Withania somnifera* (L.) Dunal.

3. DOENÇA: Mancha da folha

Hospedeiro: *Adhatoda vasica* (L.) Nees.

4. DOENÇAS: Crestamento da folha

HOSTES: *Andrographis paniculata* (Burm. f.) Wall. ex Nees., *Azadirachta indica* L.

5. DOENÇAS: Rhizoctonia leaf blight

HOSTES: *Mentha* sp. L., *Origanum vulgare* L., *Rauvolfia serpentina* (L.) Benth. ex Kurz., *Rosmarinus officinalis* L.

6. DOENÇAS: Podridão radicular

HOSTES: *Ocimum sanctum* L., *Origanum dubium* L., *Origanum vulgare* L., *Pelargonium* spp. L., *Salvia officinalis* L.

7. DOENÇAS: Podridão do caule

HOSTES: *Dianthus caryophyllus* L., *Origanum dubium* L., *Rosmarinus officinalis* L.

7. DOENÇA: Podridão dos estolhos

HÓSPEDE: *Mentha arvensis* L.

ORGANISMO CAUSAL: *Rhizopus stolonifer* (Fungo)

1. DOENÇA: Amortecimento

Hospedeiro: *Santalum* spp. L.

2. DOENÇAS: Podridão da inflorescência e dos frutos

HOSPEDEIRO: *Rauvolfia serpentina* (L.) Benth. ex Kurz.

3. DOENÇA: Podridão húmida

Hospedeiro: *Rauvolfia serpentina* (L.) Benth. ex Kurz.

ORGANISMO CAUSAL: *Sclerotinia sclerotiorum* (Fungo)

1. DOENÇA: Crestamento por Sclerotinia

HÓSPEDE: *Mentha arvensis* L.

2. DOENÇA: Podridão branca

Hospedeiro: *Centella asiatica* L.

ORGANISMO CAUSAL: *Sclerotium rolfsii* (fungo corticioide)

1. DOENÇA: Podridão basal

HÓSPEDE: *Acorus calamus* L.

2. DOENÇAS: Bandeira negra e míldio do caule, das folhas e dos frutos

HÓSPEDE: *Morinda citrifolia* L.

3. DOENÇA: Podridão do colarinho

HÓSPEDE: *Mentha arvensis* L.

4. DOENÇAS: Podridão das folhas

Hospedeiro: *Aloe vera* L. (*Aloe barbadensis* Mill.)

5. DOENÇAS: Ferrugem do caule

HÓSPEDE: *Morinda citrifolia* L.

6. DOENÇA: Murchidão

HOSTES: *Datura metel* L., *Datura stramonium* L.

ORGANISMO CAUSAL: *Septoria adhatodae* (Ascomiceto, fungo produtor de picnídios)

1. DOENÇA: Mancha da folha

Hospedeiro: *Adhatoda vasica* (L.) Nees.

ORGANISMO CAUSAL: Bolor fuliginoso Causado por um fungo ubíquo (transmitido pelo ar)

1. DOENÇA: Bolor fuliginoso

HÓSPEDE: *Morinda citrifolia* L.

ORGANISMO CAUSAL: *Sphaerotheca pannosa* var. *rosae* (Fungo)

1. DOENÇA: Oídio

Hospedeiro: *Rosa* sp. L.

ORGANISMO CAUSAL: *Stemphylium botryosum* (Fungo)

1. DOENÇA: Mancha foliar de Stemphylum

Hospedeiro: *Origanum vulgare* L.

ORGANISMO CAUSAL: *Stemphylium vesicarium* (Fungo)

1. DOENÇAS: Mancha foliar de Stemphylum e mancha púrpura

Hospedeiro: *Asparagus officinalis* L.

ORGANISMO CAUSAL: *Synchytrium boerhaviae* (Fungo)

1. DOENÇA:

HÓSPEDE: *Boerhavia diffusa* L.

ORGANISMO CAUSAL: *Synchytrium lepidagathidis* (Fungo)

1. DOENÇA: Verruga

Hospedeiro: *Andrographis paniculata* (Burm. f.) Wall. ex Nees.

ORGANISMO CAUSAL: *Thielavia basicola* (Fungo)

1. DOENÇA: dos estolhos

HÓSPEDE: *Mentha arvensis* L.

ORGANISMO CAUSAL: *Tolyposporium christensenii* (Fungo)

1. DOENÇA: Smut

HOSTES: *Cymbopogon citratus* (DC.) Stapf., *C. flexuosus* (Nees ex Steud.) W. Watson., *C. martinii* (Roxb.) Wats.

ORGANISMO CAUSAL: *Uredo manilensis* (fungo da ferrugem)

1. DOENÇA: Ferrugem

HOSTES: *Tabernaemontana divaricata e T. coronaria* (L.) R. Br. Ex Roem. & Schult.

ORGANISMO CAUSAL: *Uromyces acori* (fungo da ferrugem)

1. DOENÇA: Ferrugem

HOSTES: *Acorus calamus* L., *Mucuna pruriens* (L.) DC.

ORGANISMO CAUSAL: *Uromyces dianthi* (Fungo)

1. DOENÇA: Ferrugem

HÓSPEDE: *Dianthus caryophyllus* L.

ORGANISMO CAUSAL: Velvet bean severe mosaic virus (VbSMV)

1. DOENÇA: Velvet bean severe mosaic virus

HÓSPEDE: *Mucuna pruriens* (L.) DC.

ORGANISMO CAUSAL: *Verticillium alba-atrum* (Fungo)

1. DOENÇA: Murchidão

HOSTES: *Humulus lupulus* L., *Mentha arvensis* L., *Mentha* sp. L., *Pelargonium* spp. L.

ORGANISMO CAUSAL: Vírus (Eclipta yellow vein virus juntamente com um betasatélite associado)

1. DOENÇA: Doença do enrolamento das nervuras amarelas (Yellow vein leaf curl disease)

Hospedeiro: *Andrographis paniculata* (Burm. f.) Wall. ex Nees.

ORGANISMO CAUSAL: *Xanthomonas azadiractae* (bastonetes Gram-negativos, não formadores de esporos, pigmentados de amarelo, bactéria aeróbica)

1. DOENÇA: Mancha angular das folhas

Hospedeiro: *Azadirachta indica* L.

ORGANISMO CAUSAL: *Xanthomonas campestris* (bactéria Gram-negativa, oblíqua, aeróbica)

1. DOENÇA: Bacteriose das folhas

HÓSPEDE: *Acorus calamus* L.

2. DOENÇA: Mancha da folha

HÓSPEDE: *Tinospora cordifolia* (Thunb.) Miers.

LISTA DE PESTICIDAS QUÍMICOS E BIO-AGENTES PARA O CONTROLO DE DIFERENTES DOENÇAS DAS PLANTAS MEDICINAIS, AROMÁTICAS E DE BEBIDAS

I. LISTA DE PESTICIDAS QUÍMICOS UTILIZADOS CONTRA DIFERENTES DOENÇAS DAS PLANTAS MEDICINAIS, AROMÁTICAS E DE BEBIDAS PARA CONTROLO

Pesticidas químicos	Doenças
Acibenzolar-s-metilo	Míldio
Azoxistrobina	Míldio
Bavistina	Mancha vermelha da folha
Benomil	Mancha foliar de Alternaria, Mancha foliar de Cercospora, Mancha castanha ou preta da folha, Necrose da folha, Podridão da folha, Mancha da folha, Murchidão
Bórax	Molde azul
Mistura de Bordéus	Alternaria leaf blight, Antracnose, Bacterial leaf blight, Manchas negras necróticas nas folhas, Colletotrichum leaf blight, Curvularia leaf blight, Curvularia leaf spot, Podridão seca, Ellisiella leaf blight, Leaf blight, Mancha foliar
Boscalida	Oídio
Captan	Mancha da folha
Carbendazim	Mancha aérea, Mancha de Alternaria, Mancha foliar de Alternaria, Antracnose, Podridão basal do caule, Mancha necrótica negra, Manchas necróticas negras nas folhas, Mancha foliar de Cercospora, Podridão do colarinho, Mancha foliar de Colletotrichum, Podridão da coroa, Amortecimento, Podridão do pé, Murchidão de Fusarium, Mancha cinzenta

	ou podridão cinzenta ou mancha de pestalotiopsis, Mancha da folha, Necrótico da folha, Mancha da folha, Mancha da teia da folha, Mancha de Passalora, Mancha da folha de Phoma, Oídio, Mancha da folha de Rhizoctonia, Podridão da raiz, Ferrugem, Podridão mole do fruto, Podridão do caule, Mancha da folha de Stemphylum e mancha púrpura, Podridão do estolho, Murchidão
Cercobina	Mancha foliar de Cercospora
Cloropicrina	Phytophthora
Clorotalonil	Ferrugem
Clorpirifos	Mancha da folha
Biocida de cobre	Morrer para trás
Oxicloreto de cobre	Alternaria leaf blight, Alternaria leaf spot, Angular leaf spot, Bacterial leaf blight, Cercospora leaf spot, Choanephora blight, Colletotrichum leaf spot, Curvularia leaf blight, Amarelecimento, míldio, necrose foliar, mancha foliar, amarelecimento letal, Phytophthora leaf blight, Pythium rhizome rot, podridão radicular, podridão húmida, podridão branca
Cobre-mercúrio	Bacteriose, Mancha da folha
Dimetoato	Caule plano, Pequena folha, Mosaico, Vassoura de bruxa de Kalmegh
Ditano	Mancha foliar de Colletotrichum
Ditano M-45	Curvularia leaf blight, Mancha vermelha da folha
Dithane Z-78	Curvularia leaf blight, folha pequena ou rebento herbáceo, Smut
Imidaclopride	Caule plano, Pequena folha, Mosaico, Vassoura de bruxa de Kalmegh

Iprobenfos	Desfolha
Mancozebe	Mancha foliar de Alternaria, Mancha foliar de Alternaria, Antracnose, Podridão basal do caule, Mancha necrótica negra, Manchas necróticas negras nas folhas, Podridão do rebento, Mancha foliar de Cercospora, Mancha de Choanephora, Podridão do colo, Mancha foliar de Colletotrichum, Mancha foliar de Colletotrichum, Mancha foliar de Corynespora, Coroa podridão, Mancha foliar de Curvularia, Mancha foliar de Curvularia, Amortecimento, Morte por baixo, Míldio, Podridão seca dos frutos, Podridão dos pés, Bolor cinzento, Podridão da inflorescência e dos frutos, Mancha da folha, Mancha da folha, Necrose da folha, Necrótico da folha, Podridão da folha, Mancha da folha, Mancha da teia da folha, Amarelecimento letal, Mancha da folha de Macrophomina, Mancha de Passalora, Mancha da folha de Phoma, Phoma leaf spot, Phytophthora leaf blight, Pythium rhizome rot, Rhizoctonia leaf blight, Root rot, Rust, Stemphylum leaf spot and purple spot, Stolon rot, Target leaf spot, Wet rot, White rot, Wilt
Mandipropamida	Míldio
Mandipropamida	Oídio
Metalaxil	Míldio, Macrophomina leaf blight, Phytophthora
Mycostop	Murchidão de Fusarium, Murchidão
Bicarbonato de potássio	Choanephora blight, míldio, mancha foliar fúngica,
Propiconazol (DMAPR,2012)	Mancha foliar de Alternaria, ferrugem da folha, mancha foliar de Stemphylum
Piraclostrobina	Oídio

Ácido salicílico	Mancha foliar de Corynespora
Hipoclorito de sódio	Molde azul
Estreptociclina (0,05%)	Mancha angular da folha
Estreptomicina	Bacteriose, Mancha da folha
Enxofre (molhável)	Crestamento cinzento ou podridão cinzenta ou mancha de pestalotiopsis, oídio e mancha foliar, ferrugem
Tebuconazol	Mancha foliar de Colletotrichum, mancha foliar de Diplocarpon
Tiofanato	Mancha foliar de Cercospora
Thiram	Antracnose, mancha castanha ou preta da folha
Triciclozol	Ferrugem
Trifloxistrobina	Diplocarpon leaf spot, Ferrugem
Zineb	Antracnose, Bolor cinzento, Mancha da folha, Ferrugem da folha

II. LISTA DE BIO-AGENTES UTILIZADOS PARA A GESTÃO DE DOENÇAS EM PLANTAS MEDICINAIS, AROMÁTICAS E DE BEBIDAS:

Agentes biológicos	Doenças
Extrato de *Adhatoda vasica*	Curvularia leaf blight
Bolo de *aloé vera*	Mofo cinzento
Aspergillus flavus	Alternaria blight
Aspergillus niger	Alternaria blight
Bacillus subtilis	Ferrugem, podridão do caule, murchidão
Pó de folhas de *Clerodendron inerme*	Mancha foliar de Corynespora
Óleo essencial de cravinho	Oídio
Extrato de *Curcuma amada*	Curvularia leaf blight
Eucalipto (resíduos de folhas)	Mancha foliar de Cercospora, oídio
Gelatina	Mofo cinzento
Gliocladium virens	Ferrugem de Sclerotinia,
Gliocladium virens	Murchar
Glomus fasciculatum	Podridão radicular
Glomus fasciculatum	Podridão do caule
Extrato de *Kalanchoe heterophylla*	Curvularia leaf blight
Lactococcus lactis	Desfolha
Extrato de *Maesa lanceolata*	Ferrugem

Extrato de *Milletia ferruginea*	Ferrugem
Bolo de neem	Mancha foliar de Cercospora
Óleo de neem	Cercospora leaf spot, Curvularia leaf blight, Powdery mildew.
Extrato de *Ocimum sanctum*	Alternaria leaf blight
Pseudomonas fluorescens	Antracnose, Murchidão bacteriana, Mancha foliar de Cercospora, Podridão do colo e das plântulas, Mancha foliar de Corynespora, Mancha foliar, Mancha foliar de Macrophomina, Mancha foliar de Macrophomina, Podridão da raiz, Podridão do caule, Murchidão.
Streptomyces lydicus	Míldio
Óleo de tomilho	Bolor cinzento, oídio
Trichoderma harzianum	Alternaria blight, podridão do colo, podridão radicular, ferrugem, Sclerotinia blight.
Trichoderma sp.	Murchidão bacteriana, Podridão basal, Podridão da coroa, Amortecimento, Murchidão de Fusarium, Mancha da folha, Ferrugem da teia da folha, Amarelecimento letal, Ferrugem da folha de Phytophthora, Ferrugem da folha de Rhizoctonia.
Trichoderma viride	Alternaria blight, Alternaria leaf spot, Mancha da folha, Mancha da folha de Macrophomina, Podridão da raiz, Podridão do caule, Murchidão
Zingiber officinale	Alternaria leaf blight

DISCUSSÃO E ÂMBITO FUTURO DO TRABALHO SOBRE DOENÇAS DE PLANTAS MEDICINAIS, AROMÁTICAS E DE BEBIDAS:

Já foi salientada a importância das plantas medicinais, aromáticas e para bebidas (MAB) em diversas áreas das nossas vidas e um bom número de investigadores está empenhado em todo o mundo em explorar os recursos das plantas MAB e em tirar o melhor partido deles. Devido à sua crescente procura no mercado, o cultivo de plantas MAB está também a aumentar a um idêntico. Este facto, por sua vez, está a provocar graves problemas devido aos ataques de pragas e doenças a estas plantas. Estima-se que a extensão das perdas seja de valor muito elevado. Além disso, a infestação por doenças provoca um atraso no crescimento e no rendimento e afecta a produção de fitoquímicos utilizados para fins terapêuticos. A comunidade rural depende principalmente de medicamentos tradicionais baseados em ervas que estão normalmente disponíveis nas suas próprias localidades e, por conseguinte, são pouco dispendiosas.

Neste livro, os vários tipos de doenças causadas por fungos, bactérias, vírus, fitoplasmas e outros foram discutidos em 76 espécies de plantas MAB com valores comerciais e utilizadas pelo homem nos cuidados de saúde quotidianos. Foram incluídas neste livro 108 espécies de agentes patogénicos fúngicos, 9 espécies de bactérias, 5 espécies de vírus, 6 espécies de fitoplasma e 1 de alga. Os diferentes tipos de doenças causadas por agentes patogénicos fúngicos incluem espécies de *Alternaria*, *Cercospora*, *Colletotrichum*, *Fusarium*, *Peronospora*, *Phoma*, *Phytopthora*, etc. As principais doenças causadas por agentes patogénicos fúngicos são a mancha foliar, o míldio foliar, a antracnose, o amortecimento, o míldio, o oídio, a podridão radicular, a murchidão e a ferrugem. De facto, nas plantas medicinais, a prevalência de doenças fúngicas foi comunicada pela maioria dos investigadores e os danos máximos são causados pelos agentes patogénicos fúngicos em todo o mundo. Seguem-se as doenças bacterianas como o dieback, o míldio foliar, o oídio, a murchidão bacteriana, a mancha foliar bacteriana, a podridão mole bacteriana, etc. De entre estas, as doenças bacterianas mais prevalecentes e economicamente importantes são o míldio bacteriano, a mancha bacteriana, etc. As doenças virais incluem o mosaico, o mosqueado, a doença do enrolamento das folhas, etc. Para além das principais doenças acima mencionadas, foi também comunicada uma doença de algas causada por *Cephaleuros minimus*, mas a sua prevalência é limitada.

Embora vários investigadores, nas suas revisões publicadas de tempos a tempos, tenham discutido as doenças das plantas medicinais, não incluíram informação tão pormenorizada como a que é dada no presente livro. Além disso, foi fornecido outro capítulo que apresenta as doenças patogénicas das plantas MAB, o que constitui uma base de dados adicional que não foi fornecida por trabalhadores anteriores. Foi anexada uma lista de pesticidas químicos e bio-agentes para o controlo de doenças das plantas MAB. Tendo em conta tudo isto, há muito que se sentia a necessidade de um livro deste género e a presente tentativa visa satisfazer essa necessidade. Espera-se que este livro seja bem recebido por todos.

No que diz respeito âmbito futuro do trabalho relativo às plantas medicinais, aromáticas e para bebidas (MAB), pode ser mencionado aqui que estas plantas têm um potencial económico muito elevado e um futuro brilhante, como já foi discutido. Por conseguinte, precisam de ser conservadas para o seu crescimento e utilização sustentáveis. Uma vez que as doenças que ocorrem nestas plantas estão a impedir o crescimento deste sector, é urgente realizar mais estudos e descobrir uma estratégia de gestão ecológica para tornar as plantas livres de doenças e bem aceites nos mercados. Isto ajudará os produtores a obter melhores preços de mercado e a colher plantas de qualidade para produzir medicamentos à base de plantas de qualidade. Se tal for feito, cada vez mais agricultores se aventurarão a empreender o cultivo científico, o que impulsionará este sector para a rentabilidade. Além disso, estas plantas enfrentam outros problemas, como a colheita excessiva, a destruição do habitat, a perda de diversidade genética, a utilização cada vez menor de medicamentos tradicionais, a ausência de mercados organizados, etc., e todos estes são problemas graves que os produtores enfrentam. Por conseguinte, estes problemas também precisam de ser tratados com seriedade para que o crescimento "VERDE", que todos os governos estão a tentar alcançar, seja uma realidade.

AGRADECIMENTOS

Os autores estão profundamente gratos ao Secretário, Ramakrishna Mission Ashrama (RKMA), Narendrapur, por permitir que os autores investigassem as plantas medicinais doentes do seu jardim e recolhessem as amostras para estudo. As infra-estruturas fornecidas pelas autoridades do RKMA são também reconhecidas com gratidão, sem as quais este trabalho não seria possível. Além disso, vários cientistas forneceram informações e ajudaram na identificação da doença e a todos eles os autores registam o seu profundo apreço e agradecimento.

REFERÊNCIAS

Abhinav, A., Dinesh, K.M., Shrivardhan, D., Mohit, A., Ramesh, C.D. e Vivek, K.B. 2017. Promoção do crescimento da planta e supressão do fungo da podridão do carvão (*Macrophomina phaseolina*) no feijão de veludo (*Mucuna pruriens* L.) por bactérias do nódulo radicular. Journal of Phytopathology, 165(7-8): 463-478.

Achar, K.G.S., Parashurama, T.R. e Shivanna, M.B. 2014. Um novo registo de mancha foliar causada por *Xanthomonas campestris* em *Tinospora cordifolia* na Índia. Int. J. Curr. Microbiol. App. Sci., 3(1): 269-273.

Afshan, N.S., Khalid, A.N. e Niazi, A.R. 2012. Três novas espécies de *Caeoma* em *Rosa* spp. do Paquistão. Mycotaxon, 120: 239-246.

Ağaner, G.T. and Cer, C. 2017. Denizli ve Manisa illeri kekik alanlarında kök ve kök boğazı çürüklüğüne neden olan fungal hastalık etmenlerinin saptanması. Bitki Koruma Bülteni, 57(3): 337-347.

Akos, M. e Irfan, A.K. (Eds.). 2021. Plantas medicinais e aromáticas da Índia. Vol.1. Springer Pub., pp: 442.

Aktaruzzaman, M., Kim, J.Y., Afroz, T. e Kim, B.S. 2015. Primeiro relatório da praga da teia de alecrim (*Rosmarinus officinalis*) causada por *Rhizoctonia solani* AG-1-IB na Coreia. Mycobiology, 43(2): 170-173.

Aktaruzzaman, Md., Kim, J.Y., Afroz, T. e Kim, B.S. 2015. Primeiro relatório de mancha foliar de *Datura metel* causada por *Alternaria tenuissima* na Coreia. Res. Plant Dis., 21(4): 364-367.

Alaka, P., Rao, V.G. 1990. Doença da murchidão de *Tabernaemontana coronaria* Willd. Biovigyanam, 16(1): 58-61,7.

Alam, M., Khan, A.M. e Husain, A. 1983. Doenças do míldio e da mancha foliar da citronela de Java causadas por *Curvularia andropogonis*. Indian Phytopathology, 36: 480-483.

Alam, M., Sattar, A., Chourasia, H.K. e Janardhanan, K.K. 1996. Damping-off, uma nova doença da papoila do ópio causada por *Pythium dissotocum*. Indian Phytopathology, 49: 94-97.

Alam, M., Sattar, A., Janardhanan, K.K. e Husain, A. 1992. Amarelecimento letal da citronela de java (*Cymbopogon winterianus*) causado por *Pythium aphanidermatum*. Plant Disease, 76: 1074-1076.

Anónimo. 2022. Apnikheti. Safed Musli [Internet]. Disponível em: https;//www.apnikheti.com/en/pn/agriculture/horticulture/medicin al-plants/safed-musli [Acedido em: 22 de fevereiro de 2022].

Anónimo. 2022. Apnikheti. Sweet Flag [Internet]. Disponível em: https;//www.apnikheti.com/en/pn/agriculture/horticulture/medicin al-plants/sweet-flag [Acedido em: 22 de fevereiro de 2022].

Anónimo. 2022. Jardineira de quintal. *Tabernaemontana divaricate* [Internet]. Disponível em: https://www.backyardgardener.com/plantname/tabernaemontana-divaricata-flore-pleno-tabernaemontana/ [Acedido em: 22 de fevereiro de 2022].

Anónimo. 2022. Crocus. Mancha fúngica da folha [Internet]. Disponível em: https://www.crocus.co.uk/pestsanddiseases/_/top12/Fungal%20lea f%20spot/ArticleID.1170 [Acedido em: 22 de fevereiro de 2022].

Anon. 2022. Crop Watch. Podridão radicular de Fusarium [Internet]. Disponível em: https://cropwatch.unl.edu/plantdisease/corn/fusariumroot-rot [Acedido em: 22 de fevereiro de 2022].

Anon. 2022. Saber jardinagem. Hibisco tem fungo branco - Como se livrar do em plantas de hibisco [Internet]. Disponível em: https://www.gardeningknowhow.com/ornamental/flowers/hibiscus /hibiscus-has-white-fungus.htm .

Anon. 2022. Hibisco de Vale Escondido. Dieback [Internet]. Disponível em: http://www.hiddenvalleyhibiscus.com/care/dieback.htm [Acedido em: 22 de fevereiro de 2022].

Anon. 2022. Guias de casa. Basil [Internet]. Disponível em: http://homeguides.sfgate.com/brownish-yellow-spots-holy-basilplant-71343.html [Acedido em: 22 de fevereiro de 2022].

Anónimo. 2022. Universidade Estadual de Iowa. Charcoal Rot Is A Hidden Threat to Soybean Yield [Internet]. Disponível em: https://crops.extension.iastate.edu/charcoal-rot [Acedido em: 22 de fevereiro de 2022] .

Anon. 2022. Universidade do Estado do Michigan. Botrytis blight [Internet]. Disponível em: https://www.canr.msu.edu/resources/botrytis_blight [Acedido em: 22 de fevereiro de 2022].

Anon. 2022. Planeta Natural. Fusarium Wilt [Internet]. Disponível em: https://www.planetnatural.com/pest-problem-solver/plant-disease/fusarium-wilt/ [Acedido em: 22 de fevereiro de 2022] .

Anupam, K. e Jha, P.K. 2014. *Piper* longum - *um* novo hospedeiro de dois patógenos fúngicos. Journal of Mycology and Plant Pathology, 44(2):212-213.

Arumugam, T., Premalakshmi, V. e Theradimani, M. 2010. Efeito de biopesticidas, emendas orgânicas e produtos químicos na incidência de manchas foliares (*Cercospora rauvolfiae*) em sarpagandha. Agricultura Verde, 1: 633-635.

Asthana, R.P. e Mahmud, K.A. 1947. Mancha foliar de Cercospora em *Piper longum* Linn. Revista do Colégio Agrícola de Nagpur, 21(3-4):58-59.

Avan, M. 2021. Doenças fúngicas importantes em plantas medicinais e aromáticas e seu controlo. Turk J. Agr Eng Res (TURKAGER)2021, 2(1): 239-259.

Ayvar-Serna, S., Díaz-Nájera, J.F., Mena-Bahena, A., Ortiz-Montes, B.E., Alvarado-Gómez, O.G., Lima, N.B. e Tovar-Pedraza, J.M. 2020. Primeiro relatório de antracnose foliar causada por *Colletotrichum tropicale* em orégano (*Origanum vulgare*) no México. Plant Disease, 104(6): 1855-1855.

Baradaran, G.R., Aminaee, M.M. e Assari, M.J. 2012. Identificação de doenças fúngicas da *Rosa damascena* na província de Kerman, no Irão. Archives of Phytopathology and Plant Protection, 45(9): 1087-1095.

Barguil, B.M., Viana, F.M.P., Anjos, R.M. e Cardoso, J.E. 2009. Primeiro relato de podridão seca causada por *Fusarium oxysporum* em rosa (*Rosa* spp.) no Brasil. Plant Disease, 93(7): 766-766.

Basavand, E., Babaeizad, V., Mirhosseini, H.A. e Niri, M.D. 2020. Ocorrência da doença da mancha foliar causada por *Phoma herbarum* em orégãos no Irão. Journal of Plant Pathology, 102: 575-576.

Bhagat, S., Birah, A., Kumar, R., Yadav, M.S. e Chattopadhyay, C. 2014. Gestão de doenças de plantas: perspectivas de pesticidas de origem vegetal. In: D. Singh (ed.) Avanços em Biopesticidas Vegetais. Índia: Springer, pp. 119-129.

Bhandari, S., Harsh, N.S.K., Sharma, A.K., Mao, L.P. e Thakur, S. 2014. Uma base de dados de doenças de plantas medicinais em Uttarakhand. Indian Forester, 140: 518-527.

Boby, V.U. e Bagyaraj, D.J. 2003. Biological control of root-rot of *Coleus forskohlii* Briq.using microbial inoculants. Jornal Mundial de Microbiologia e Biotecnologia, 19: 175-180.

Bubak, E. 1906. Neue Oder kritische Pilze [Novos fungos ou fungos críticos]. Annales Mycologici, 4: 105-124.

Burns, J.R. e Benson, D.M. 2000. Biocontrolo do amortecimento de *Catharanthus roseus* causado por *Pythium ultimum* com *Trichoderma virens* e fungos *Rhizoctonia* binucleados. Plant Disease, 84: 644-648.

Carkacı, N. e Maden, S. 1998. Investigação das causas da murchidão em algumas espécies de *sálvia* e controlo da doença. Tese de doutoramento, Universidade de Ankara, Ankara, Turquia.

Castellani, E. e Mohamed, M.I. 1984. Doenças de *Azadirachta indica* na Somália. 1 Doença *de Cercospora*. Riv. Agric. Subtr. Trop., 78: 733-739.

Chaisemsaeng, P., Mongkolthanaruk, W. e Bunyatratchata, W. 2013. Triagem e potencial de controlo biológico da doença da antracnose (*Colletotrichum capsici*) em frutos de malagueta por isolados de levedura. Jornal de Ciências e Tecnologias da Vida, 1(4):201-204.

Chakravarthi, B.P. e Gupta, D.K. 1975. Uma estirpe não pigmentada de *Xanthomonas azadirachtii* Moniz e Raj que causa a mancha foliar do nim (*Azadirachta indica* A. Juss.). Curr. Sci., 44: 240-241.

Chandel, S., Dubey, K. e Kaushal, P. 2014. Principais doenças de plantas medicinais e aromáticas registadas em Himachal Pradesh-Índia. J. Pl. Dis. Sci., 9(2): 145-153.

Chandra, V. 1957. Doença da mancha foliar de *Rauvolfia serpentina*. Ciência e Cultura, 23:99

Chandrashekara, K.N. e Prasannakumar, M.K. 2010. Novas plantas hospedeiras de *Ralstonia solanacearum* da Índia. New Dis. Rep., 22:6.

Chauhan, P. e Ravi, S. 2020. Otimização de meios e avaliação de fungicidas e bioagentes na mancha foliar de ashwagandha,

Withania somnifera (L.) Dunal causada por *Alternaria alternata*. Journal of Pharmacognosy and Phytochemistry, 9(5): 1049-1052.

Chavan, P.B. e Patil, S.K. 1972. Estudos sobre fungos de ferrugem de Maharastra, Índia. Sydowia. 26:277-281.

Chinnadurai, S.K., Dronamraju, V.L.S. e Ramasamy, R. 2008. Os extractos de algas marinhas controlam a doença da mancha foliar da planta medicinal *Gymnema sylvestre*. Jornal Indiano de Ciência e Tecnologia, 1(3): 1-5.

Chowdhury, D., Dasgupta, B. e Paul, P.C. 2015. Estudos sobre a mancha foliar de Thankuni (*Centrella asiatica*) causada por *Alternaria* sp. J. Mycopathol. Res., 53(1): 65-70.

Dadwal, V.S. e Bhartiya, S. 2012. Novo relatório de uma doença da mancha foliar de *Chlorophytum borivillianum* causada por *Macrophomina phaseolina* da Índia. Journal of Mycology and Plant Pathology, 42: 397-398.

Davis, R.I., Jones, P., Holman, T.J., Halsey, K., Amice, R. e Tupouniua, S.K. 2006. *Phytoplasma* disease surveys in Tonga, New Caledonia and Vanuatu. Australasian Plant Pathology, 35(3): 335-340.

Deshattiwar, A. 2013. Estudos sobre a doença do vírus do mosaico amarelo em plantas leguminosas [Tese]. Jabalpur: Jawaharlal Nehru Krishi Vishwa Vidyalaya.

DMAPR. 2012. Relatório anual. Direção de Investigação de Plantas Medicinais e Aromáticas, Anand, Gujarat, Índia.

DMAPR. 2014. Relatório anual. Direção de Investigação de Plantas Medicinais e Aromáticas, Anand, Gujarat, Índia.

Douglas, S.M. 2003. Geranium diseases. The Connecticut Agriculture Experiment Station, New Haven, CT, EUA.

Dung, J.K., Schroeder, B.K. e Johnson, D.A. 2010. Avaliação da resistência à murcha *de Verticillium* em genótipos de *Mentha arvensis* e *M. longifolia*. Doenças das Plantas, 94: 1255-1260.

Edney, K.L. 1967. O desenvolvimento de *Botrytis cinerea* em flores cortadas de cravo. Annals of Applied Biology, 60(3): 367-374.

Elena, K. 2006. Primeiro relatório de *Phomopsis asparagi* que causa o míldio do caule dos espargos na Grécia. Plant Pathology, 55: 300-300.

Elewa, I.S., Sahab, A.F., Mostafa, M.H. e Ziedan, E.H. 2011. Efeito direto dos agentes de biocontrolo nas doenças da murchidão e da podridão radicular do sésamo. Archives of Phytopathology and Plant Protection, 44(5): 493-504.

Enikuomehin, O.A. 2006. Gestão da doença da mancha foliar de Cercospora em sésamo (*Sesamum indicum* L.) com extractos de plantas. Jornal de Agricultura Tropical, 43: 19-23.

Erzurum, K., Demirci, F., Karakaya, A., Cakır, E., Tuncer, G. e Maden, S. 2005. Passalora blight of anise (*Pimpinella anisum*) and its control in Turkey. Phytoparasitica, 33(3): 261-266.

Falloon, P.G. e Tate, K.G. 1986. Major diseases of asparagus in New Zealand (Principais doenças dos espargos na Nova Zelândia). Actas da Sociedade Agronómica da Nova Zelândia, 16: 17-28.

Fernandes, R.C. e Barreto, R.W. 2003. *Corynespora cassiicola* causando manchas foliares em *Coleus barbatus*. Patologia Vegetal, 52: 786.

Gahukar, R. T. 2018. Gestão de pragas e doenças de importantes plantas medicinais e aromáticas tropicais / subtropicais: uma revisão. Jornal de Pesquisa Aplicada em Plantas Medicinais e Aromáticas, 30: 18pp. (https://doi.org/10.1016/j.jarmap.2018.03.002).

Gallup, C.A., Sullivan, M.J. e Shew, H.D. 2006. Haste Negra do Tabaco. The Plant Health Instructor. Saint Paul, Minnesota, Estados Unidos: APS.

Ganguly, D. e Pandotra, V. R. 1962. Some commonly occurring diseases of important medicinal and aromatic plants in Jummu and Kashmir. Indian Phytopathology, 15: 50-54.

Garibaldi, A., Minuto, A., Minuto, G. e Gullino, M.L. 2004. Primeiro relatório do míldio do manjericão (*Ocimum basilicum*) em Itália. Plant Disease, 88: 312-312.

Garibaldi, A., Rapetti, S., Rossi, J. e Gullino, M.L. 2007. Primeiro relatório da mancha foliar causada por *Corynespora cassiicola* no manjericão (*Ocimum basilicum*) em Itália. Plant Disease, 91(10): 1361-1361.

Garibaldi, A., Gilardi, G., Bertoldo, C. e Gullino, M.L. 2011. Primeiro relatório de uma mancha foliar de manjericão doce (*Ocimum basilicum*) causada por *Alternaria alternata* em Itália. Journal of Plant Pathology, 93(4, Suplemento): S4.63-S4.89.

Garibaldi, A., Pensa, P., Bertetti, D., Poli, A.N.N.A. e Gullino, M.L. 2013. Primeiro relatório de Sclerotinia blight causado por *Sclerotinia sclerotiorum* em hortelã no norte da Itália. Plant Disease, 97(10): 1384-1384.

Garibaldi, A., Bertetti, D., Pensa, P., Ortu, G., Gullino, M.L. e Agrarie, D.S. 2015a. *Phytophthora cryptogea* em sálvia comum (*Salvia officinalis* L.) em Itália. Plant Disease, 99(1): 161.

Garibaldi, A., Gilardi, G., Ortu, e Gullino, M.L. 2015b. Primeiro relatório da praga foliar causada por *Phoma multirostrata* var. *macrospora* em orégãos em Itália. Plant Disease, 99(11): 1646.

Gautam, A., Avasthi, S. 2013. *Colletotrichum gloeosporioides* em *Adhatoda vasica* na Índia. Jornal de Tecnologia Agrícola, 9: 581-587.

Gautam, A.K. 2014. Os géneros *Colletotrichum*: um incitador de numerosas novas doenças de plantas na Índia. Jornal sobre novos relatórios biológicos, 3(1): 09-21.

Gilardi, G., Demarchi, S., Garibaldi, A. e Gullino, M.L. 2013. Gestão do míldio do manjericão doce (*Ocimum basilicum*) causado por *Peronospora belbahrii* por meio de indutores de resistência, fungicidas, agentes de biocontrolo e produtos naturais. Phytoparasitica, 41(1): 59-72.

Gindrat, D., Varady, C. e Neury, G. 1984. Asperge: une nouvelle maladie du feuillage, provoquee par un Stemphylium. Revue Suisse de Viticulture Arboriculture Horticulture, 16: 81-85.

Govindappa, M., Lokesh, S., Rai, V.R., Naik, V.R. e Raju, S.G. 2010. Indução de resistência sistémica e gestão da doença da podridão radicular do cártamo *Macrophomina phaseolina* por agentes de biocontrolo. Archives of Phytopathology and Plant Protection, 43(1): 26-40.

Gupta, M.L., Misra, H.O., Kalra, A. e Khanuja, S.P.S. 2004. Podridão da raiz e murchidão: uma nova doença de ashwagandha (*Withania somnifera*) causada por *Fusarium solani*. Journal of Medicinal and Aromatic Plant Sciences, 26: 285-287.

Guleria, S. e Kumar, A. 2006. O extrato de folha de *Azadirachta indica* induz resistência no sésamo contra a doença da mancha foliar de Alternaria. Jornal de Biologia Celular e Molecular, 5(2): 81-86.

Hubballi, M., Nakkeeran, S., Raguchander, T., Rajendran, L., Renukadevi, P. e Samiyappan, R. 2010. Primeiro relatório da praga das folhas de noni causada por *Alternaria alternata* (Fr.) Keissler. J Gen Plant Pathol, 76: 284-286.

Humphreys-Jones, D.R., Barnes, A.V. e Lane, C.R. 2008. Primeiro relatório do míldio *Peronospora lamii* em *Salvia officinalis* e *Rosmarinus officinalis* no Reino Unido. Plant Pathology, 57(2): 372.

IIHR. 2016. Relatório anual. Instituto Indiano de Investigação em Horticultura, Bengaluru, Karnataka, Índia.

Ingle, R.W., Shende, S., Deshmukh, V.V. e Joshi, M.S. 2014. Efeito de interação das datas de sementeira e diferentes tratamentos na incidência e intensidade da doença de *Phoma* sp. em musli safed. Revista Internacional de Pesquisa em Ciências Formais, Aplicadas e Naturais, 7(1): 69-73.

Isman, M. B. 2000. Óleos essenciais de plantas para a gestão de pragas e doenças. Crop Protection, 19: 603-608.

Janardhanan, K. K., Gupta, M. L. e Akhtar Husain. 1972. *Pythium* die back uma nova doença de *Catharanthus roseus*. Indian Phytopathology, 30: 427-428.

Jat, R.S., Reddy, R.N., Bansal, R. e Manivel, P. 2015. Boas Práticas Agrícolas: Ashwagandha, Isabgol. Boletim de Extensão, Direção de Investigação de Plantas Medicinais e Aromáticas, Anand, Gujarat, Índia.

Jetawat, R.P.S., Mathur, K., Singh, K. e Singh, A. 2015. Efeito de fungicidas contra *Fusarium solani* e *Rhizoctonia solani* infectando Ashwagandha. The Ecoscan. VII: 75-78.

Jones, D.R. 1972. Cultura in vitro da ferrugem do cravo, *Uromyces dianthi*. Transactions of the British Mycological Society, 58(1): 29-IN5.

Kadam, J., Gadre, U.A., Navathe, S. e Agale, R.C. 2014. Eficácia dos fungicidas e reação das cultivares de açafrão-da-terra à praga das folhas incitada por *Colletetrichum gloeosporioides* (Penz. e Sacc.). Agricultura Descoberta, 2(8): 54-58.

Kalra, A., Singh, H.B., Pandey, R. Samad, A. Patra, N.K. e Kumar, S. 2005. Doenças da hortelã: organismos causais, distribuição e medidas de controlo. Journal of Herbs, Spices and Medicinal Plants, 11: 71-91.

Kalra, A., Singh. H.B., Pandey, R., Samad, A., Patra, N.K. e Kumar, S. 2008. Diseases in Mint: causal organisms, distribution, and control measures (Doenças da hortelã: organismos causais, distribuição e medidas de controlo). Journal of Herbs, Spices & Medicinal Plants, 11: 71-91.

Kamalakannan, A., Mohan, L., Kavitha, K., Harish, S., Radjacommare, R., Nakkeeran, S., Parthiban, V.K., Karuppiah, R. e Angayarkanni, T. 2003. Aumento da resistência à podridão do caule e do estolho da hortelã-pimenta (*Mentha piperita* Lin.) utilizando agentes de biocontrolo. Ata Phytopathologica et Entomologica Hungarica, 38 (3-4): 293-305.

Kamalakannan, A., Mohan, L., Valluvaparidasan, V., Mareeswari, P. e Karuppiah, R. 2006. Primeiro relatório da podridão radicular de Macrophomina (*Macrophomina phaseolina*) em coleus medicinal (*Coleus forskohlii*) na Índia. Plant Pathology, 55: 302-302.

Kawuri, R., Suprapta, D.N., Nitta, Y. e Homma, T. 2012. Doença destrutiva da podridão foliar causada por *Fusarium oxysporum* em *Aloe barbadensis* Miller em Bali. Agril. Sci. Res. Journal, 2(6): 295-301.

Khan, A., Saeed, S.T. e Samad, A. 2015. Novo registo do *vírus do mosaico amarelo de Catharanthus* e um betasatélite associado ao amarelecimento letal das folhas de kalmegh (*Andrographis paniculata*) no norte da Índia. Plant Disease. 99(2): 292.

Khare, N., Tuteja, S.S. e Lakpale, N. 2020. Estudos sobre *Curvularia andropogonis* (Zimm.) Boedijn: o incitante da praga das folhas do capim-limão (*Cymbopogon flexuosus*).

Kishor, C. K., Azariah, B. e Sam, N. N. 2022. Gestão de doenças do chá (*Camellia Sinensis*) com aplicação de micróbios: uma revisão. Innovare J. Agri. Sci., 10(2): 6-10.

Kishore, R.A.J., Tripathi, R.D., Johri, J.K. e Shukla, D.S. 1985. Algumas novas doenças fúngicas da papoila do ópio (*Papaver somniferum* L.). Indian Journal of Plant Pathology, 3(2): 213-217.

Koike, S.T., Alger, E.I., Sepulveda, L.R. e Bull, C.T. 2017. Primeiro relatório de mancha foliar bacteriana causada por *Pseudomonas syringae* pv. tomate em couve na Califórnia. Plant Disease, 101(3): 504,3.

Koike, S.T., Subbarao, K.V., Roelfs, A.P., Hennen, J.F. e Tjosvold, S.A. 1998. Doença da ferrugem dos orégãos e da manjerona doce na Califórnia. Plant Disease, 82(10): 1172-1172.

Krishnamurthi, K.K. 2016. Agricultura Orgânica para a Sustentabilidade. Chennai, Índia: Notion Press, pp: 384.

Kuch, T. K. 1990. Diseases of black paper and their management, Malayasian plant protection society. Proc. 3ª Conferência Internacional sobre Proteção das Plantas nos Trópicos, 4: 114.

Kulkarni, R.N. e Ravindra, N.S. 1988. Resistência a *Pythium aphanidermatum* em diplóides e autotetraplóides induzidos de *Catharanthus roseus*. Planta Medica, 54(4): 356-359.

Kulkarni, R.N., Kalra, A. e Ravindra, N.S. 1992. Integração da solarização do solo com a resistência do hospedeiro no controlo do dieback e das doenças do colo e da podridão radicular da pervinca. Tropical Agriculture, 69: 217-222.

Kulkarni, M.S., Ramaprasad, S., Hedgey, Y., Laxminarayan, H. e Hedge, N.K. 2007. Gestão da doença complexa da podridão do colo de *Coleus forskohlii* (Willd.) Briq. Utilizando bioagentes, emendas orgânicas e produtos químicos. Biomed, 2: 37-40.

Kumar, S., Shukla, R.S., Singh, K.P. e Husain, A. 1984. Alternaria leaf spot disease of *Hyoscyamus muticus* in India. Indian Journal of Mycology and Plant Pathology, 14(2): 176.

Kumar, S. P. 2014. Adulteração e substituição em plantas medicinais ASU ameaçadas de extinção da Índia: uma revisão, International Journal of Medicinal and Aromatic Plants, 4(1): 56-73.

Lakpale, N. 2011. Eficácia in vitro de vários inibidores contra a germinação de esporos de *Curvularia andropogonis* que incita o míldio foliar do capim-limão (*Cymbopogon flexuosus*). Journal of Soils and Crops, 21(2): 174-179.

Landa, B.B., Montes-Borrego, M., Muñoz-Ledesma, F.J., Sa, A. e Jiménez-Díaz, R.M. 2005. Primeira notificação de míldio da papoila do ópio causado por *Peronospora arborescens* em Espanha. Plant Disease, 89: 338.

Lee, I.M., Davis, R.E. e Gundersen-Rindal, D.E. 2000. Phytoplasma: mollicutes fitopatogénicos. Annu Rev Microbiol, 54: 221-255.

Lele, C.V. e Ashram. 1968. Doença de morte de *Rauvolfia serpentina* causada por *Colletotrichum dematium*. Indian Phytopathology. 20: 349-350.

Li, Y.Q., Yang, G.H., Kong, B.H., Chen, H.R. e Yang, B.C. 2008. Identificação e patogenicidade de *Rhizoctonia solani* que causa o amortecimento do cravo em Yunnan [J]. Ata Phytopathologica Sinica, 2.

López-Guisa, D., Yáñez-Morales, M.J. e Alanis-Martínez, I. 2013. Primeiro relatório de *Peronospora sparsa* em *Rosa* spp. no México. Journal of Plant Pathology, 95(4, Suplemento).

Luo, S.B. e Chen, Z.X. 1987. Estudos sobre a doença *Fusarium* wilt da amoreira medicinal indiana. II. Um estudo sobre a comparação de caraterísticas fisiológicas isoladas das províncias de Fujian, Guangdong e Guangxi. Wuyi-Science-Journal, 7: 243-251.

Magar, D.B. e Barhate, B.G. 2013. Estudos sobre a murcha de senna e avaliação in vitro de fungicidas e bioagentes contra *Fusarium oxisporum*. J. Plant. Dis. Sci., 8(2): 182-186.

Mahato, D., Khamari, B., Patel, A., Paikaray, P.N. e Sahu, H.P. 2022. Doenças emergentes da erva aromática (*Cymbopogon* spp.) e sua gestão no capítulo 6 Advance in Essential Oils and Natural Products vol-2; 79-89.

Maiti, C.K., Sen, S., Paul, A.K. e Acharya, K. 2007. Primeira notificação da doença do míldio foliar da *Gloriosa superba* L., causada por *Alternaria alternata* (Fr.) Keissler na Índia. J. Gen. Plant. Pathol., 73(5): 377-378.

Maiti, S. e Geetha, K.A. 2013. Relatório da situação do país sobre plantas medicinais e aromáticas na Índia. In: Consulta de Peritos sobre a Promoção de Plantas Medicinais e Aromáticas na Região Ásia-Pacífico: Actas, pp: 101-123.

Mandal, K. e Maiti, S. 2005. Bacterial soft rot of aloe caused by *Pectobacterium chrysanthemi*: a new report from India. Plant Pathology, 54: 573.

Manisha, S. e Kareppa, B.M. 2010. Estudos sobre doenças fúngicas de *Adathoda zeylanica* Medic. Jornal Internacional de Proteção das Plantas, 3(1):132-134.

Manjunath, H., Nakkeeran, S. e Raguchander, T. 2012. Primeiro relatório de antracnose em noni causado por *Colletotrichum gloeosporioides* na Índia. Archives Of Phytopathology and Plant Protection, 45: 276-279.

Manoharachary, C., Kunwar, I.K. e Babu, K.S. 2003. Uma nova mancha foliar de *Centella asiatica* causada por *Cercospora centellae* sp. Nov. J. Mycol. Pl. Pathol., 33: 271-73.

Margina, A. e Zheljazkov, V. 1995a. Avaliação de alguns fungicidas contra a ferrugem e a mancha negra em *Rosa damascena* cv. *trigintipetala*. Journal of Essential Oil Research, 7: 515-525.

Marimuthu, T., Suganthy, M. e Nakkeeran, S. 2018. Pragas e doenças comuns de plantas medicinais e estratégias para gerenciá-las . https://www.researchgate.net/publication/324567674 ; 289-312.

Margina, A. e Zheljazkov, V. 1995b. Fungic pathogens from uredinales on some medicinal and aromatic plants in Bulgaria and their control. In International Symposium on Medicinal and Aromatic Plants, 426 (pp. 333-344).

Martínez-de la Parte, E., Cantillo-Pérez, T., García, D. e Guerrero-Barriel, D. 2011. Ferrugem do crepe jasmim causada por *Uredo manilensis*, recentemente registada em Cuba. New Disease Reports, 23:32.

Martini, P., Pane, A., Raudino, F., Chimento, A., Scibetta, S. e Cacciola, S.O. 2009. Primeiro relatório de *Phytophthora tentaculata* que causa a podridão radicular e do caule de orégãos em Itália. Plant Disease, 93(8): 843-843.

Mathur, R.S., Singh, D.V. e Singh, B.K. 1964. *Cercospora jamaicensis* Chupp on *Datura stramonium* L. um novo registo para a Índia. Current Science, 33(12): 378-379.

McRitchie, J.J. 1996. Hibiscus rust, *Kuehneola malvicola*. florida: florida department of agriculture & consumer services. Patologia vegetal, Circular nº 378.

Meena, B. e Rajamani, K. 2016. Gestão biológica da doença da podridão radicular em *Gloriosa superba*. Int. J. Noni Res., 11(1 & 2): 82-85.

Meena, R.P. e Kadam, V.A. 2021. Caracterização de *Macrophomina phaseolina* associada à doença da ferrugem da folha em *Chlorophytum borivilianum* Santapau & RR Fern. e sua suscetibilidade fungicida. Journal of Applied Research on Medicinal and Aromatic Plants, 20: 100288.

Meeta, M. e Jindal, K.K. 1994. Diseases of ornamental plants in India (Doenças de plantas ornamentais na Índia). Daya Publishing House, Delhi-110035. 323pp

Mehrotra, M.D. e Thapar, H.S. 1990. Rhizoctonia leaf spotting and blight of *Rauvolfia serpentina*, uma nova doença da Índia. Indian Forester, 116(5): 372-374.

Mehrotra, M.D. 1989. Ferrugem da folha de algumas espécies de madeira dura em Assam e Meghalaya e seu controlo no viveiro. Indian For., 115: 378-384.

Mekonnen, M., Begashaw, M. e Beemnet, M. 2014. Triagem de extractos botânicos para o controlo da ferrugem da folha de hortelã em condições de estufa e de campo. Revista Mundial de Ciências Agrícolas, 10(2): 42-47.

Mekonnen, M. e Manahlie, B. 2018. Triagem de fungicidas para o controlo da ferrugem *do Aloe vera* em condições de campo. Resultados da Investigação em Proteção das Plantas, pp. 147-157.

Minuto, A., Bogliolo, A., Vinotti, P., Delfino, G. e Minuto, G. 2012. Controlo químico de *Peronospora lamii* em *Salvia officinalis* em vaso. Giornate Fitopatologiche 2012, Milano Marittima (RA), 13-16 Marzo 2012, 587-592.

Mishra, A, Trivedi, V.S., Dabbs, M.R., Dixit, S. e Srivastava, Y. 2017. Identificação e avaliação de potenciais estirpes de Trichoderma contra *Colletotrichum capsici* e *Fusarium oxysporum* f. sp. *capsici* que causam antracnose e murchidão na malagueta. International Journal of Current Microbiology and Applied Sciences, 6(9):1159-1166.

Mohanty, N.N. e Addy, S.K. 1958. Mancha alvo de *Rauvolfia serpentina*. Ciência e Cultura. 23: 608-609.

Mondal, G., Dasgupta, B. e Sharma, R. 2018. Doenças de plantas medicinais e aromáticas e sua gestão. Abordagens recentes para a gestão de doenças de plantas, 251-283.

Mondal, B. e Khatua, D.C. 2015. Podridão branca de *Centella asiatica* e duas ervas daninhas em Bengala Ocidental, Índia. Journal Crop and Weed, 11(1): 225-226.

Mondal, G. 2016. Ocorrência de *Synchytrium* induzindo galha em punarnava (*Boerhavia diffusa*) de Bengala Ocidental, Índia. Apresentado na 6ª Conferência Internacional sobre "Plantas, Patógenos e Pessoas" com a missão "Desafios em Fitopatologia para beneficiar a humanidade" realizada no Complexo NASC,

Nova Deli, de 23 a 27 de fevereiro de 2016, organizada pelo IPS, Div. Pl. Pathol., IARI, Nova Deli 110012, Índia.

Moniz, L. e Raj, H.H. 1967. *Xanthomonas azadirachtii* sp. nov. causadora da doença da mancha foliar em *Azadirachta indica*. A. Juss. Indian. J. Microbiol. 7: 159-160.

Montano, H.G., Davis, R.E., Dally, E.L, Hogenhout, S.A., Pimentel, J.P. e Brioso, P.S. 2001. *Candidatus* Phytoplasma brasiliense', um novo táxon de fitoplasma associado à doença da vassoura-de-bruxa do hibisco. International journal of systematic and evolutionary microbiology, 51(3): 1109-1118.

Moorman, G.W. 2017. Doenças do gerânio. Faculdade de Ciências Agrícolas de Penn State, University Park, Pensilvânia, tese de doutoramento, EUA.

Moreira, Z.P.M., Dos-Santos, P.O., De-Oliveira, T.A.S. e De-Souza, J.T. 2015. Ocorrência da mancha foliar do manjericão causada por *Pseudomonas cichorii* no Estado da Bahia, Brasil. Summa Phytopathologica, 41(1): 73.

Musheer, N. e Ashraf, S. 2017. Efeito de *Trichoderma* spp. em *Colletotrichum gleosporiodes* Penz e Sacc. organismo causal da doença da mancha foliar da cúrcuma. Tendências em Biociências, 10(48): 9605-9608.

Nagpal, A. e Karki, M. 2004. A study on marketing opportunities for medicinal, aromatic and dye plants in south Asia. In: Programa de Plantas Medicinais e Aromáticas na Ásia. Nova Deli, Índia.

Nakkeeran, S., Marimuthu, T. e Raguchander, T. 2013. Explorando cepas de PGPR produtoras de DAPG e fenazina e antagonistas de fungos para o manejo de doenças de Noni (*Morinda citrifolia* L.), Boletim Técnico WNRF-11, Fundação Mundial de Pesquisa Noni, p 329.

Naseema, A. e Wilson, K.I. 1991, New record of fungi on some medicinal plants from India, Indian Phytopathology, 43: 595.

Nelson, P.E., Tammen, J. e Baker, R. 1960. Control of vascular wilt diseases of carnation by culture-indexing. Phytopathology, 50: 356-60.

Nuge, O.O. e Setshogo, M.P. 2008. Plantas medicinais e venenosas 1: *Datura metel*. In: Plant Resources of Tropical Africa 11(1) - Medicinal Plants 1(Eds Schmelzer GH and Gurib-Fakim A), p.221, PROTA Foundation / Backhuys Publishers / CTA Wageningen, Netherland.791pp.

Oogi, M.M., Nikkhah, M.J., Ahmadzadeh, M., Yazdani, D. e Sharifi-Tehrani, A. 2009. Rhizoctonia root and crown rot disease of rosemary medicinal plant *Rosmarinus officinalis* L.) in Karaj. In Natural Resources, 21: 78-83.

Pande, A. e Rao, V.G. 1998. A Compendium of Fungi on Legumes from India. Jodhpur: Scientific Publishers.

Pandey, A. K., Sinniah G. D., Babu, A. e Tanti, A. 2021. Como a indústria global do chá lida com doenças fúngicas - desafios e oportunidades. Plant Disease, 105(7): 1-12.

Pankaj, B.A.C., Satish, C.A., Rajesh, K., Ngachan, A.S.V. e Munda, G.C. 2010. Primeiro relatório de oídio causado por *Podosphaera* sp. em *Hibiscus sabdariffa* na Índia. Australasian Plant Disease Notes, 5:123-125.

Parashurama, T.R. e Shivanna, M.B. 2013. Doença foliar fúngica de *Rauvolfolia serpentina* em estado selvagem, sua ocorrência sazonal, sementes transmissão e manejo de doenças. Arquivos de Fitopatologia e Proteção de Plantas, 46: 1609-1621.

Park, J.H. e Cho, S.E. 2014. Primeiro relatório de Choanephora Blight causado por *Choanephora infundibulifera* em *Hibiscus rosa-sinensis* na Coreia. Plant Disease, 98(9):1275.

Paul, P.C. 2013. Estudos sobre a gestão de doenças importantes de algumas plantas medicinais, Tese de Doutoramento, BCKV, Bengala Ocidental.

Paul, P.C. e Dasgupta, B. 2014. Um novo relatório de ferrugem da ponta e mancha foliar de *Acorus calamus causada* por *Nigrospora oryzae* de Bengala Ocidental, Índia. The Bioscan, 9(1): 355-357.

Pervez, Z., Alam, M.S. e Islam, M.S. 2016. Primeiro relatório de podridão mole bacteriana de *Aloe vera* (*Aloe barbadensis*) causada por *Pectobacterium chrysanthemi* em Bangladesh. J. Plant. Pathol. Microbiol., 7: 12.

Pesticideinfo. 2021. https://www.pesticideinfo.org/ (01/03/2021).

Pokhar, R., Pinki, S., Dodiya, N.S. e Arunabh, J. 2013. Avaliação de fungicidas, bio-formulações de neem e agente de biocontrolo para a gestão da podridão radicular de musli safed causada por *Rhizoctonia solani*. Journal of Mycology and Plant Pathology, 43(3): 297-305.

Prakash, O. 2012. Programa IPM para pragas de aonla. Ext. Bull. No. 5, Missão Nacional de Horticultura, Ministério da Agricultura e Cooperação, Governo da Índia, Deli, Índia.

Ragi, P.R., Sivan, V.V., Joseph, J., Sujana, K.A. e Anil, K.N. 2013. Gestão da doença da ferrugem da folha da planta medicinal *Justicia gendarussa* Burm. F. com fungos antagónicos (*Trichoderma harzianum*). Journal of Horticultural Science & Ornamental Plants, 50(2): 68-70.

Rai, P.K. e Tetrawal, M.L. 2010. Alterações bioquímicas nas folhas de senna (*Cassia angustifolia* Vahl.) infectadas com *Alternaria alternata*. Progressive Agriculture, 10: 168-169.

Raj, S.K., Kumar, S., Pratap, D., Vishnoi, R. e Snehi, S.K. 2007. Ocorrência natural do vírus do mosaico do pepino em *Rauvolfia serpentina*, um novo registo. Plant Disease, 91(3): 322.

Raj, S.K., Snehi, S.K., Kumar, S. e Khan, M.S. 2008. Primeira descoberta de "*Candidatus* Phytoplasma trifolii" (grupo 16SrVI) associado a uma pequena doença foliar de *Datura inoxia* na Índia. New Disease Reports, 18: 44.

Rajavel, R. 2000. *Colletotrichum capsici* (Syd) transmitido por sementes. Butter and Bisby and its Management [Tese]. Coimbatore: Universidade Agrícola de Tamil Nadu.

Ramappa, P.T. e Shivanna, M.B. 2013. Doenças foliares fúngicas de *Rauwolfia serpentina* em estado selvagem, sua ocorrência sazonal, sementes transmissão e manejo de doenças. Arquivos de Fitopatologia e Proteção das Plantas, 46: 1609-1621.

Ramprasad, S. 2005. Estudos sobre o complexo de podridão do colarinho de *Coleus forskohlii* (Wild.) Briq. Tese de Mestrado, UAS Dharwad, Índia.

Rana, M.K. 2017. Ciência das culturas hortícolas. Boca Raton: CRC Press, p. 472.

Rangaswami, G. 1948. *Uromyces acori* Ramakrishnan e Rangaswami sp. nov. em *Acoras calamus* L. Ramakrishnan, T. S. Current. Science, 17(8): 240-241.

Rao, P.N. 1962. Fungi from Hyderabad. Indian Phytopathology, 15(2): 112-122.

Reddy, P.P. 2010. Fungal diseases and their management in horticultural crops, Vol. 2. Scientific Publishers, 5-A, New Pali Road, Jodhpur - 342001, India. 359pp.

Rhouma, A., Yahya A. S., Khaled, A. e Mohammad, I. K. 2021. Documento técnico sobre o oídio e a antracnose de *Mentha* spp. Asian Journal of Plant and Soil Sciences, 6(1): 39-45.

Rivera, M.C. e Wright, E.R. 2002. Primeiro relato de ferrugem causada por *Botrytis cinerea* em Rosa da China na Argentina. Plant. Health Progress, 3(1): 22.

Rivera, M.C., Wright, E.R. e Carballo, S. 2000. Primeiro relato de *Colletotrichum gloeosporioides* em Rosa Chinesa na Argentina. The American Phytopathological Society, 84(12): 1,345.2-1,345.2

Romero, I.H, Ruales, C., Caviedes, M. e Leon-Reyes, A. 2017. Avaliação pós-colheita de revestimentos naturais e agentes antifúngicos para controlar *Botrytis cinerea* em Rosa sp. Phytoparasitica, 45(1): 9-30.

Saber, W.I., Ghoneem, K.M., El-Metwally, M.M. e Elwakil, M.A. 2009. Identificação de *Puccinia pimpinellae* em plantas de anis no Egito e seu controlo. Plant Pathology Journal (Faisalabad), 8(2): 32-41.

Saeed, S.T., Khan, A. e Samad, A. 2015. Primeiro relatório sobre a identificação molecular do fitoplasma (16SrII-D) associado à vassoura-de-bruxa de Kalmegh (*Andrographis paniculata*) na Índia. Plant Disease, 99(1): 155.

Sain, S.K. e Sharma, M.P. 1999. Factores que afectam o desenvolvimento do míldio (*Pseudoperonospra plantaginis*) do isabgol (*Plantago ovata* Frosk) e o seu controlo. Journal of Mycology and Plant Pathology, 29: 340-349.

Saini, A.K. 2017. Estudos sobre a podridão azul do bolor de Aonla (Emblica officinalis Goerth.) causada por Penicillium islandicum (Sopp.) (Dissertação de doutoramento, CCSHAU).

Salamone, A., Scarito, G., Scovazzo, G.C. e Fascella, G. 2009. Control of powdery mildew in cut roses using natural products in the greenhouse. Roses, Floriculture and Ornamental Biotechnology", Ed. DC Ziesak, Global Science Books, 3: 121-125.

Samouel, S., Iacovides, T., Evangelides, S. e Kanetis, L. 2016. Primeiro relatório de *Boeremia exigua* var. *exigua* causando podridão do caule de *Origanum dubium* em Chipre. Plant Disease, 100(2): 529.

Sankaran, K.V., Balasundaran, M. e Sharma, J.K. 1986. Doenças das plântulas de *Azadirachta indica* em Kerala, Índia. Eur. J. For. Pathol., 16: 324-328.

Sathyarajan, P. K. e Naseema, A. 1985, *Piper longum* a new host record for *Colletotrichum gloeosporioides*. Current Science, 54: 637.

Sato, T. e Ohkubo, H. 1990. Recém-descoberta praga foliar do capim-citronela causada por *Curvularia andropogonis* nas Filipinas. Japan Agricultural Research Quarterly, 23(3): 170-175.

Sato, T., Kubota, M. e Tomioka, K. 2010. Patogenicidade do agente patogénico do míldio foliar dos orégãos, *Rhizoctonia solani* AG-1 IB, para algumas plantas hortícolas do género *Origanum*. Relatório anual da Sociedade de Proteção das Plantas de Kanto-Tosan, 57: 51-53.

Sattar, A., Alam, M., Saini, S., Kalra, A. e Kumar, S. 2002. Doença de antracnose do gerânio causada por *Colletotrichum acutatum* em planícies do norte da Índia. Journal of Mycology and Plant Pathology (India), 32: 31-34.

Sattar, A., Alam, M., Khaliq, A., Shukla, R.S. e Khanuja, S.P.S. 2006. Primeiro relatório sobre o míldio foliar de *Chlorophytum borivilianum* causado por *Colletotrichum capsici* no norte da Índia. Plant Pathology, 55: 301-301.

Scot, C.N. e Zoila, A. 2010. *Phytophthora morindae*, uma nova espécie que causa a doença da bandeira negra em noni (*Morinda citrifolia* L) no Havai. Mycologia, 102: 122-134.

Scot, C.N. 2011. Mancha bacteriana da folha do hibisco no Havai. Plant Disease, 72.

Senthamarai, K., Poornima, K., Subramanian, S. e Sudheer, J. 2008. Complexo de doenças fúngicas de nemátodos envolvendo *Meloidogyne incognita* e *Macrophomina phaseolina* em coleus medicinal, *Coleus forskohlii* Briq. Jornal Indiano de Nematologia, 38: 30-33.

Sharma, J.R., Amrate, P.K. e Gill, B.S. 2010a. Doença da folha mole do *Aloe barbadensis* e sua gestão. Journal of Research, Punjab Agricultural University, 47(1-2): 22-24.

Sharma, J.R., Singh, P., Saini, S.S. e Gill, B.S. 2010b. Podridão radicular de safed musli (*Chlorophytum borovillianum*) e sua gestão. Journal of Research, Punjab Agricultural University, 47(1-2): 20-21.

Sharma, Y.R. e Chaudhary, K.C.B. 1980. Oídio de *Ocimum sanctum* - um novo registo. Indian Phytopathology, 33(4):627-629.2.

Sharma, V. 2016. Uma nova doença da mancha foliar de uma planta medicinal indiana *Tinospora cordifolia* (Willd.) Miers. Int. J. Adv. Life Sci. 9(3): 381-384.

Shivanna, M.B., Achar, K.G.S., Vasanthakumari, M.M. e Mahishi, P. 2014a. Doença da mancha foliar de Phoma de *Tinospora cordifolia* e seu efeito na produção de metabólitos secundários. J. Phytopathol, 162: 302–312. https://doi.org/10.1111/jph.12191.

Shivanna, M.B., Parashurama, T.R., Achar, K.S. e Vasanthakumari, M.M. 2014. Doenças foliares fúngicas em *Withania somnifera* e seu efeito nos metabólitos secundários. Biossistemas de plantas - um jornal internacional que lida com todos os aspectos da biologia vegetal, 148: 907-916.

Shivapuri, A., Sharma, O.P. e Jhamaria, S.L. 1997. Fungi-toxic properties of extracts against pathogenic fungi. Journal of Mycology and Plant Pathology, 27: 29-31.

Shodhganga. 2022. [Internet]. Disponível em: http://shodhganga.inflibnet.ac.in/bitstream/10603/80251/12/12_ch apter-3. pdf [Acedido em: 22 de fevereiro de 2022].

Shukla, R.S., Sattar, A., Kumar, S., Singh, K.P. e Husain, A. 1981. Phytophthora leaf blight of *Hibiscus moschatus-novo* registo da Índia. Nota. Indian Phytopathology, 34: 539.

Shukla, R.S., Kumar, S., Singh, H.N. e Singh, K.P. 1993. Primeiro relatório sobre a praga aérea de *Coleus forskohlii* causada por *Rhizoctonia solani* na Índia. Plant Disease, 77: 429-429.

Shukla, R.S., Chauhan, S.S., Gupta, M.L., Singh, V.P., Naqvi, A.A., Patra, N.K., Kumar, S., Kukreja, A.K., Dwivedi, S. e Singh, A.K. 2000. Doenças foliares de *Mentha arvensis*, o seu impacto no rendimento e nos principais constituintes do óleo. Journal of Medicinal and Aromatic Plant Sciences, 22: 453-455.

Shukla, R.S., Alam, M., Sattar, A. e Singh, H.N. 2006. Primeiro relatório de *Rhizopus stolonifer* que causa a podridão da inflorescência e dos frutos de *Rauvolfia serpentina* na Índia. Boletim da EPPO, 36: 11-13.

Shukla, A.N., Srivastava, S. e Rawat, A.K.S. 2010. An ethnobotanical study of medicinal plants of Rewa district, Madhya Pradesh (Estudo etnobotânico de plantas medicinais do distrito de Rewa, Madhya Pradesh). Indian Journal of Traditional Knowledge, 9(1): 191-202.

Singh, H.B, Singh, A., Tripathi, A., Tiwari, S.K. e Johri, J.K. 2001. Podridão do colo de *Chlorophytum borivilianum* causada por

Corticium rolfsii: uma nova doença. Boletim da OEPP, 31: 112-113.

Singh, A., Pandey, R. e Singh, H.B. 2004. Important diseases of Medicinal and Aromatic Plants (Doenças importantes de plantas medicinais e aromáticas). In: PC. Trivedi (ed.) Medicinal Plant Utilization and Conservation. Índia: Jaipur Aviskar, pp. 217-253.

Singh, A. e Singh, H.B. 2004. Controlo da podridão do colo da hortelã (*Mentha* spp.) causada por *Sclerotium rolfsii* utilizando meios biológicos. Current Science, 87(3): 362-366.

Singh, A.K. 2006. Culturas de flores: Cultivation and management. New India Publishing Agency, Nova Deli, Índia.

Singh, R., Gangwar, S.P., Singh, D., Singh, R., Pandey, R. e Kalra, A. 2011. Planta medicinal *Coleus forskohlii* briq. doença e gestão. Medicinal Plants-International Journal of Phytomedicines and Related Industries, 3: 1-7.

Singh, S. e Mondal, G. 2016. Ocorrência de doenças na bandeira doce (*Acorus calamus* L.) em Bengala Ocidental. Apresentado na 38ª Conferência Anual do ISMPP e no Simpósio Nacional sobre "Desafios para a saúde das plantas sob um cenário climático em mudança para a agricultura sustentável", organizado conjuntamente pelo Departamento de Fitopatologia, BCKV, WB, Índia e ISMPP,

Udaipur, Rajastão, Índia, realizado na FACC), BCKV, Kalyani, Nadia - 741 235, WB em 24-26 de novembro de 2016. Resumo: p.36.

Smitha, G.R., Varghese, T.S. e Manivel, P. 2014. Cultivo de plantas aromáticas. Direção de Investigação de Plantas Medicinais e Aromáticas, Anand, Gujarat, Índia, 30.

Soma, B., Ranjan, G., Debalika, D. e Narayan, C.M. 2017. Supressão da praga foliar de *Ocimum sanctum* L. usando bactérias do ácido lático como novo agente de biocontrolo. Actas da Academia Nacional de Ciências, Índia Secção B: Ciências Biológicas, 88(4):1389-1397.

Somashekhara, Achar, K.G., Parashurama, T.R. e Shivanna, M.B. 2015. Uma nova doença de caule plano de *Tinospora cordifolia* causada por Phytoplasma. Sch. Acad. J. Biosci. 3(11):957-959.

Soni, K.K., Pyasi, A., Tiwari, P. e Verma, R.K. 2011. Ocorrência da ferrugem *da Aloe vera* (*Uromyces aloës*): Um novo registo de Madhya Pradesh, Índia. Journal of Mycology and Plant Pathology, 41(4): 644-646.

Souza, C. D., Barreto, R. W. e Soares, D. J. 2008. Primeiro relato de míldio em Plantago major causado por Peronospora alta no Brasil. Australasian Plant Disease Notes, 3: 78-80.

Srivastava, S.K. e Patel, P.N. 1969. Epidemiology of bacterial leaf spot, blight and shot-hole disease of neem in Rajasthan. Indian Phytopathol, 22: 237-244.

Stirling, G.R., Turaganivalu, U., Stirling, A.M., Lomavatu, M.F. e Smith, M.K. 2009. Podridão do rizoma do gengibre (*Zingiber officinale*) causada por *Pythium myriotylum* em Fiji e na Austrália. Australasian Plant Pathology, 38: 453-460.

Subbiah, V.P., Riddick, M. e Peele, D. 1996. Primeiro relatório de *Fusarium oxysporum* em sálvia clary na América do Norte. Plant Disease, 80: 1080.

Sudha, A. e Lakshmanan, P. 2007. *Solanum nigrum*, um novo hospedeiro da doença do oídio do *Capsicum annuum* no distrito de Madurai de Tamil Nadu, Índia. Aust. Plant. Dis. Notes., 2:97. https://doi.org/10.1071/DN07040.

Sushma, N. e Sharma, N.D. 1999. A new leaf blight disease of *Tabernaemontana coronaria*. Journal of Mycopathological Research, 37(1): 45-46,2.

Sweta, P. e Sundararaj, R. 2022. Doenças de plantas medicinais cultivadas em Karnataka e a sua gestão. http://dx.doi.org/10.5772/intechopen.104632; 1-38.

Szezeponek, A. e Mazur, S. 2006. Ocorrência de doenças fúngicas em erva-cidreira (*Mentha officinalis* L.) e hortelã-pimenta (*Mentha piperita* L.) na região de Malopolska. Comunicações em Ciências Biológicas Agrícolas e Aplicadas, 71(3): 1109-1118.

Taba, S., Takara, A., Nasu, K., Miyahira, N., Takushi, T. e Moromizato, Z.I. 2009. Mancha foliar de Alternaria do manjericão causada por *Alternaria alternata* no Japão. Journal of General Plant Pathology, 75: 160-162.

Taylor, P., Arocha-Rosete, Y. e Scott, J. 2011. Primeiro relatório de 'Candidatus* Phytoplasma trifolii' (grupo 16SrVI) infectando *Sauropus androgynus*. New Disease Reports, 24, 23.

Tekade, A., Koche, M. e Raut, B. 2009. Influência do fator meteorológico nas doenças fúngicas de Musli. Journal of Plant Diseases and Protection, 4(2): 173-175.

Tekade, A., Koche, M.D. e Mohod, Y.N. 2015. Ocorrência de doenças em plantas medicinais na região de Vidarbha e correlação de fatores climáticos com a praga foliar de coleus. Pesquisa de Plantas Medicinais, 5(2): 1-4.

Tetarwal, J.P., Rawal, P., Singh, V. e Kantwa, S.L. 2017. Distribuição e severidade da antracnose em safed musli (*Chlorophytum borivilianum* Santapau & Fernandez) no sul do Rajastão. Revista Internacional de Ciências Agrárias, 9(8): 3880-3885.

Tewari, D.N. 1992. Monografia de neem *(Azadirachta indica.)*. International Book Distributors, Dehra Dun, Índia, pp: 279.

Thakur, S. e Harsh, N.S.K. 2014. Eficácia de metabólitos voláteis de fungos filoplanos de *Rauwolfia serpentina* contra *Alternaria alternata*. Investigação atual em micologia ambiental e aplicada, 4: 152-156.

Thankamma, L. 1983. *Phytophthora* species on eight indigenous host species in south India and their pathogenicity on rubber. Indian Phytopathology, 36(1): 17-23.

Thaung, M.M. 2008. Análise patológica e taxonómica das doenças da mancha foliar e da mancha de alcatrão num ecossistema tropical de monção seca a húmida das terras baixas da Birmânia. Australasian Plant Pathology, 37: 180-197.

Thi, N.D., Chi, H.N., Thi, B.T.H. e Hoat, T. 2019. Primeiro relatório de caraterização molecular de *Fusarium proliferatum* associado à doença da podridão radicular da amoreira indiana (*Morinda officinalis* How.) no Vietname. Arquivos de Fitopatologia e Proteção das Plantas, 52: 1-18.

Thines, M., Telle, S., Ploch, S. e Runge, F. 2009. Identidade dos agentes patogénicos do míldio do manjericão, coleus e salva com implicações para as medidas de quarentena. Mycological Research, 113: 532-540.

TNAU. 2013. Técnicas de produção de culturas hortícolas. Universidade Agrícola de Tamil Nadu, Coimbatore, Tamil Nadu, Índia.

TNAU. 2015. Portal Agritech. Proteção de culturas [Internet]. Disponível em:

https://agritech.tnau.ac.in/crop_protection/crop_prot_crop%20dise ases_flowers_carnation.html.

TNAU. 2015. Portal Agritech. Proteção de culturas [Internet]. Disponível em:

https://agritech.tnau.ac.in/crop_protection/crop_prot_crop%20dise ases_medicinal_Gloriosa_superba.html.

TNAU. 2016. Portal Agritech. Proteção de culturas [Internet]. Disponível em:

https://agritech.tnau.ac.in/crop_protection/crop_prot_crop%20dise ases_species_pepper.html.

TNAU. 2022. Portal Agritech. Proteção de Cultivos [Internet]. Disponível em:

http://agritech.tnau.ac.in/crop_protection/greengram_disease/gree

ngram_d7.html [Acedido em: 22 de fevereiro de 2022].

TNAU. 2022. Portal Agritech. Proteção de Cultivos [Internet]. Disponível

em:

http://agritech.tnau.ac.in/crop_protection/chilli_phdiseases_2.html

[Acedido em: 22 de fevereiro de 2022].

TNAU. 2022. Portal Agritech. Proteção das culturas [Internet]. Disponível

em:

http://www.agritech.tnau.ac.in/crop_protection/crop_prot_crop%2

0diseases_flowers_crossandra.html [Acedido em: 22 de fevereiro

de 2022].

TNAU. 2022. Portal Agritech. Proteção das culturas [Internet]. Disponível

em:

http://agritech.tnau.ac.in/crop_protection/wheat/crop_prot_crop%

20diseases_cereals_wheat_1.html [Acedido em: 22 de fevereiro de

2022].

TNAU. 2022. Portal Agritech. Proteção de Cultivos [Internet]. Disponível

em: http://agritech.tnau.ac.in/crop_protection/mango_1.html

[Acedido em: 22 de fevereiro de 2022].

TNAU. 2022. Portal Agritech. Proteção das culturas [Internet]. Disponível

em:

http://agritech.tnau.ac.in/horticulture/horti_medicinal%20crops_g ymnema. html [Acedido em: 22 de fevereiro de 2022].

TNAU. 2022. Portal Agritech. Proteção das culturas. [Internet]. Disponível em: http://agritech.tnau.ac.in/expert_syste m/paddy/cpdisgraindis.html [Acedido em: 22 de fevereiro de 2022].

TNAU. 2022. Portal Agritech. Doenças do arroz [Internet]. Disponível em:

http://agritech.tnau.ac.in/crop_protection/crop_prot_crop%20disea ses_cereals_paddy. html [Acedido em: 22 de fevereiro de 2022].

Trivedi, M., Tiwari, R.K. e Dhawan, O.P. 2006. Parâmetros genéticos e correlações da resistência à podridão do colo com importantes caraterísticas bioquímicas e de rendimento na papoila do ópio (*Papaver somniferum* L.). Journal of Applied Genetics, 47: 29-38.

Trujillo, E.E., Shimabuku, R., Cavin, C.A. e Aragaki, M. 1988. Agrupamentos de anastomose de *Rhizoctonia solani* em campos de cravo e sua patogenicidade para o cravo. Plant Disease, 72(10): 863-865.

Valiyeva, B., Rakhimova, E. e Byzova, Z. 2004. Fungos que ocorrem em Rosa spp. no Cazaquistão. In I. International Rose Hip Conference 690 (pp. 175-180).

Vanitha, S. e Kandaswami, M. 1998. Ocorrência de ferrugem bacteriana da folha em vasambu (*Acorus calamus* Linn) causada por *Xanthomonas campestris* P.V.O. *Oxyzae* - Um novo relatório. South-Indian Horticulture, 46(3/6): 366-367.

Varadarajan, P.D. 1964. Doença de antracnose de *Rauvolfia serpentina* causada por *Colletotrichum gloeosporioides*. Current Science, 33: 564-565.

Venegas-Portilla, A., Solano-Báez, A.R., Leyva-Mir, S.G., Camacho-Tapia, M., Lima, N.B., Tovar-Pedraza, J.M. e Márquez-Licona, G. 2020. Primeiro relatório de *Golovinomyces neosalviae* causando oídio em sálvia comum (*Salvia officinalis*) no México. Plant Disease, 104(5): 1546.

Verma, O.P., Singh, N. e Sharma, P. 2007. Primeiro relatório de *Rhizoctonia solani* causando mancha foliar de *Adhatoda vasica*. India Plant Pathology, 56: 726.

Verma, R.K., Mishra, R. e Gaur, R.K. 2014. Primeiro relatório do vírus da datura colombiana na Índia. Novos relatórios de doenças, 30: 29.

Vikaspedia. 2022. *Mucuna pruriens* [Internet]. Disponível em: http://vikaspedia.in/agriculture/crop-production/package-of-practices/medicinal-and-aromatic-plants/mucuna-pruriens-2.

Vinodkumar, S. e Nakkeeran, S. 2017. Caracterização e gestão de *Botrytis cinerea* incitando a praga floral do cravo sob cultivo protegido. Jornal de Biologia Ambiental, 38 (4): 527.

Wyenandt, C.A., Simon, J.E., Pyne, R.M., Homa, K., McGrath, M.T., Zhang, S. e Madeiras, A. 2015. O míldio do manjericão (*Peronospora belbahrii*): Descobertas e desafios relativos ao seu controlo. Phytopathology, 105(7): 885-894.

Yadav, R.K., Ram, J. e Sharma, M.P. 2010. Avaliação de fungicidas para a gestão do míldio do isabgol causado por *Pseudoperonospora plantaginis* em Rajasthan. Journal of Progressive Agriculture, 1(1): 39-41.

Yadav, V.K. e Sharma, N.D. 2006. Ferrugem de *Justicia gendarussa*: um novo registo da Índia Central. Journal of Mycology and Plant Pathology, 36: 40-41.

Yaniv, Z. e Bacharach, U. (Eds.). 2005. Handbook of Medicinal Plants (Manual de Plantas Medicinais). Food Products Press & Haworth Medical Press, Binghamton, Nova Iorque, EUA.

Xiaoyin, C.N.H. 1982. A mancha foliar de alternaria de *Dianthus caryophyllus* L. Journal of Plant Protection, 2.

Zadotani, N. e Ikegami, M. 2002. Produção de plantas de patchouli resistentes ao patchouli mild mosaic virus por engenharia genética do gene precursor da proteína de revestimento. Pest Management Science, 58(11): 1137-1142.

Zaim, M., Kumar, Y., Hallan, V. e Zaidi, A.A. 2011. Velvet bean severe mosaic virus; Uma espécie distinta de begomovírus que causa mosaico severo em *Mucuna pruriens* (L.) DC. Virus. Gene, 43: 138-146.

Ziedan, E.H., Elewa, I.S., Mostafa, M.H. e Sahab, A.F. 2010. Aplicação de micorrizas para o controlo de doenças radiculares do sésamo. Primeiro Congresso Internacional MCOMED. Moracoo, 11-13, outubro de 2010, pp: 97.

Zimowska, B. 2008. Fungos que ameaçam o cultivo de salva (*Salvia officinalis* L.) no Sudeste da Polónia. Herba. Polónica, 54(1): 15-24.

Zimowska, B. 2015. Fungos que ameaçam o cultivo de orégãos (*Origanum vulgare* L.) no sudeste da Polónia. Ata Scientiarum Polonorum Hortorum Cultus, 14(4): 65-78.

Zoysa, I.J.D. e Liyanage, H.T.K. 1994. Murchidão bacteriana de *Centella asiatica* no Sri Lanka. Bact. Wilt News. 10: 5.

Fotografias de Sintomas de Doenças de Plantas Medicinais, Aromáticas e para Bebidas

Doença da mancha foliar de Alternaria em *Aloe vera* (Fonte: Autor sénior)

Doença da mancha foliar de Alternaria em *Carthamus tinctorius* causada por *Alternaria carthami* (Fonte: https://agrobaseapp.com/canada/disease/alternaria-leaf-spot-of-safflower)

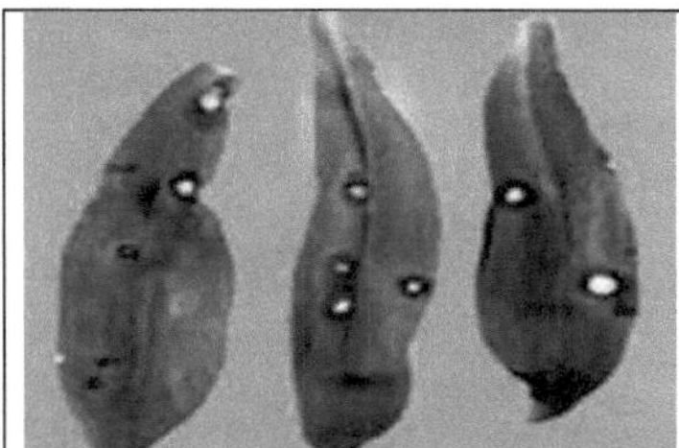

Doença da mancha foliar de Alternaria em *Dianthus caryophyllus* (Fonte: Portal TNAU Agritech. Proteção das culturas. Cravo, 2015)

Sintomas de antracnose em *Hibiscus rosa sinensis*(A) causados por *Colletotrichum gleosporoides*(B) (Fonte: Sweta & Sundararaj,2022)

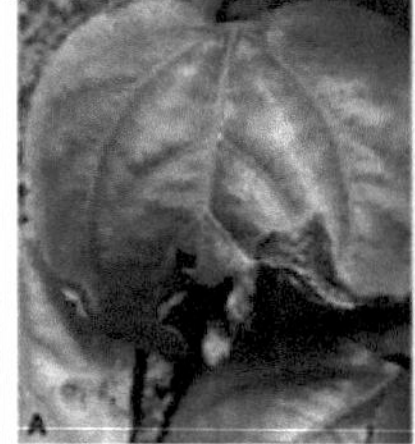
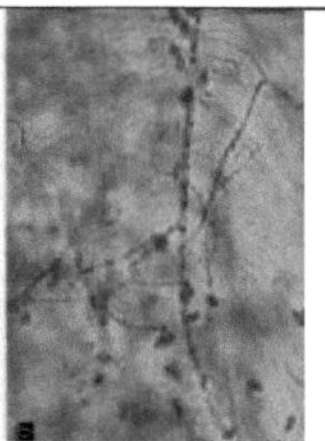

Doença da antracnose da *Piper longum* (Fonte: TNAU Agritech Portal. Proteção das culturas. Pimenta, 2016)

Antracnose nas folhas de *Mentha* sp. (Fonte: Rhouma *et al.*,2021)

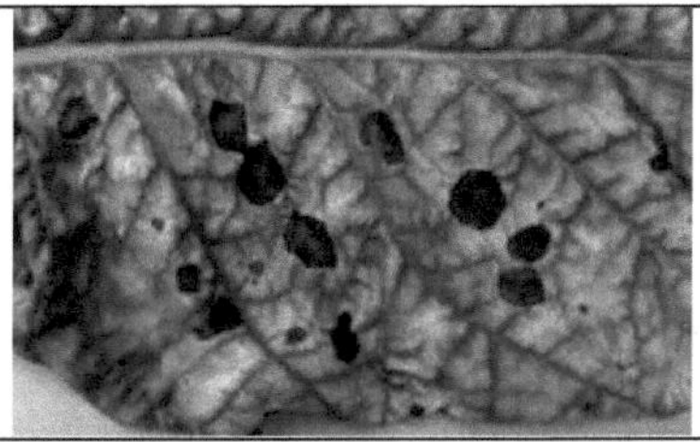

Doença antracnose da *Morinda citrifolia* causada por *Colletotrichum* sp. (Fonte: https://www.ctahr.hawaii.edu/noni/gallery)

Doença da bandeira negra da *Morinda citrifolia* causada por *Phytophthora* sp. (Fonte: https://www.ctahr.hawaii.edu/noni/gallery)

Doença da bolha *da Camellia sinensis* causada por *Exobasidium vexans* (Fonte: https://www.invasive.org/browse/detail.cfm?imgnum=5545278

Botrytis blight disease of *Pelargonium* spp. causada por *Botrytis cinerea* (Fonte: https://pnwhandbooks.org/plantdisease/host-disease/geranium-pelargonium-spp-botrytis-blight)

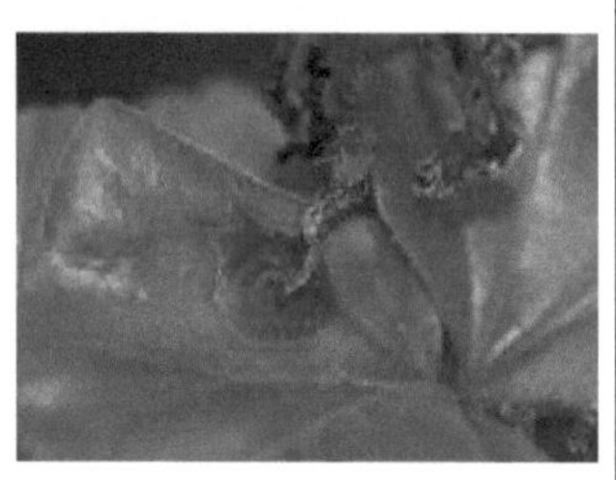

Cancros das plantas de chá (*Camellia sinensis*): (A) Cancro de Macrophoma, (B) Cancro de Fusarium (Fonte: Pandey *et al.*,2021)

Mancha foliar de Cercospora *em Andrographis paniculate* (Fonte: Autor sénior)

Mancha foliar de Cercospora em *Theobroma cocao* (Fonte: Autor sénior)

Podridão da coroa de *Asparagus* spp. (Fonte: Autor sénior)

Doença do amortecimento da *Cassia augustifolia* causada por *Rhizoctonia bataticola* (Fonte: https://kisaanhelpline.com/herbal-crops/senna)

Míldio de plantas de Plantago (Fonte: Souza *et al.*,2008)

Míldio da *Rosa* sp. causado por *Peronospora sparsa* (Fonte: https://www.koppert.com/plant-diseases/downy-mildew-of-rose/)

Míldio em *Coleus forskohlii* causado por *Peronospora* sp. (Fonte: https://plantpathology.ces.ncsu.edu/2016/04/downy-mildew-on-coleus-update/)

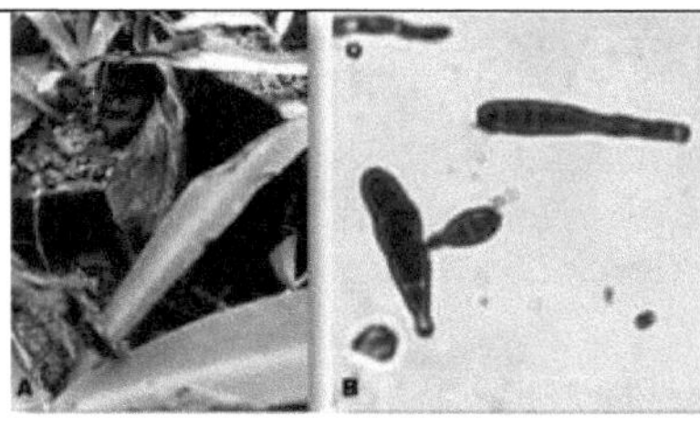

Sintomas de malformação foliar em *Chlorophytum borivillianum* (A) causados por *Alternaria alternata* (B) (Fonte: Sweta & Sundararaj,2022)

Doença do míldio da folha da *Morinda citrifolia* causada por *Phytophthora* sp. (Fonte: https://www.ctahr.hawaii.edu/noni/gallery)

Sintomas de míldio foliar em *Gloriosa superba* causados por *Alternaria alternata* (Fonte: Portal TNAU Agritech. Proteção das culturas. *Gloriosa superba*, 2015)

Sintomas do míldio foliar em *Hibiscus rosa sinensis* (A) causados por *Nigrospora sphaerica* (B) (Fonte: Sweta & Sundararaj,2022)

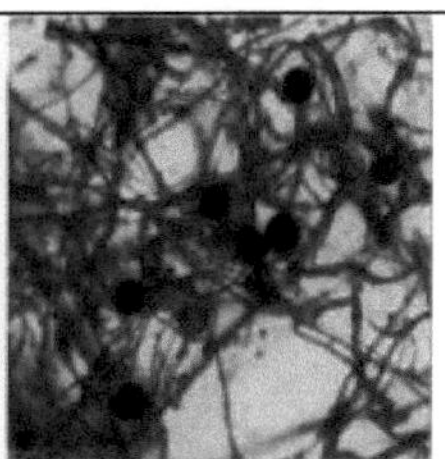

Sintomas do míldio da folha em *Kalanchoe pinnata* (Fonte: Autor sénior)

Doença da mancha necrótica da folha de *Adhatoda vasica* (Fonte: Autor sénior)

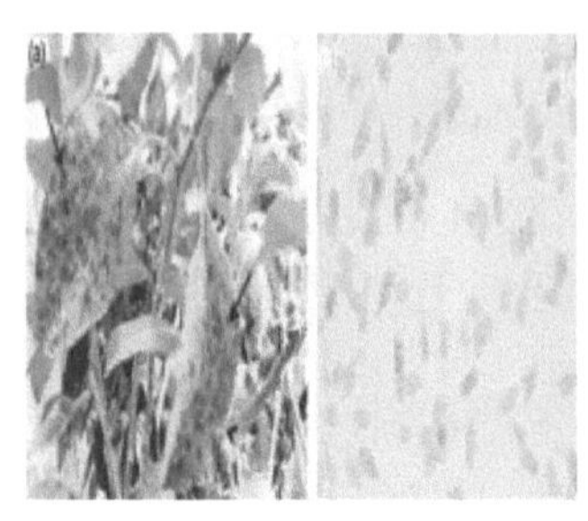

Doença da mancha foliar em *Withania somnifera* causada por *Alternaria alternata*. (a) Planta infetada com mancha foliar (a seta mostra a planta infetada); (b) patógeno isolado (*Alternaria alternata*) de amostra de folha doente. (Fonte: https://www.researchgate.net/figure/Leaf-spot-disease-in-Withania-somnifera-a-Leaf-spot-infected-plant-arrow-shows_fig1_308927416)

Doença da mancha foliar da *Cassia augustifolia* (Fonte: https://kisaanhelpline.com/herbal-crops/senna)

Doença da mancha foliar da *Centella asiatica* (Fonte: Autor sénior)

Doença da mancha foliar de *Eupatorium triplinerve* (Fonte: Autor sénior)

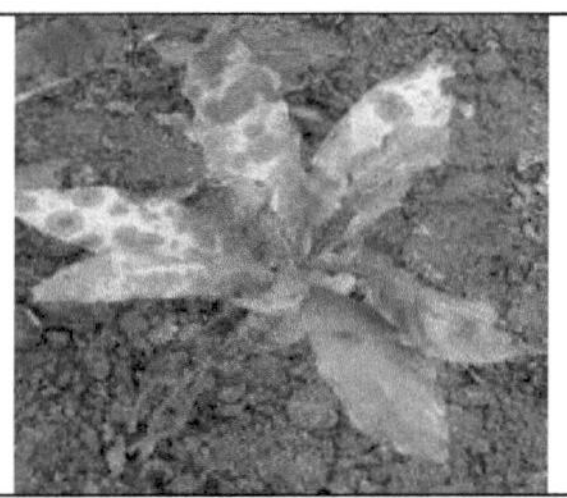

Doença da mancha da folha de *Rauwolfia serpentina* (Fonte: Autor sénior)

Doença da mancha da folha da *Tabernaemontana divaricate* (Fonte: Autor sénior)

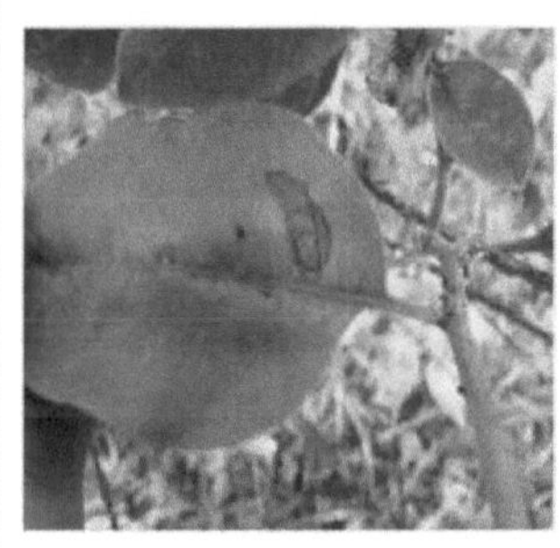

Doença da mancha da folha de *Withania somnifera* causada por *Colletotrichum gloeosporioides* (Fonte: https://www.researchgate.net/figure/and-2-Leaf-spot-of-Withania-somnifera-caused-by-Colletotrichum-gloeosporioides_fig1_383665482)

Sintomas da mancha foliar em *Ocimum sanctum* (A) causados por *Colletotrichum gleosporoides* (B) (Fonte: Sweta & Sundararaj,2022)

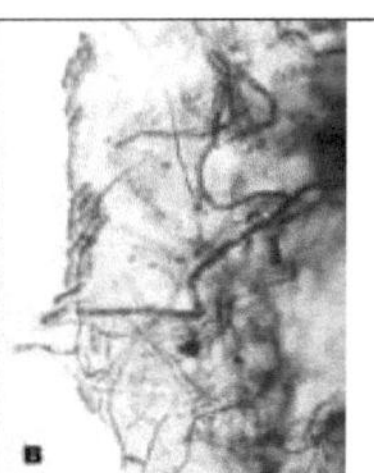

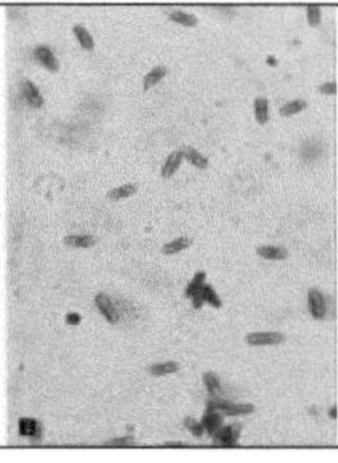

Sintomas da mancha foliar em *Piper longum* (A) causados por *Colletotrichum boninense* (B) (Fonte: Sweta & Sundararaj,2022)

A doença do míldio da Passalora e o agente causal: (a) Sintomas da doença em folhas de *anis* (*Pimpinlla anisum*); (b) Conidióforos de *Passalora malkoffii*; (c) Conídios de *P. malkoffii*; (d) sementes de anis saudáveis e (e) doentes. (Fonte: https://www.researchgate.net/fig ure/ arious-aspects-of-Passalora-blight-the-disease-and-the-causal-agent-a-Disease_fig1_226504271)

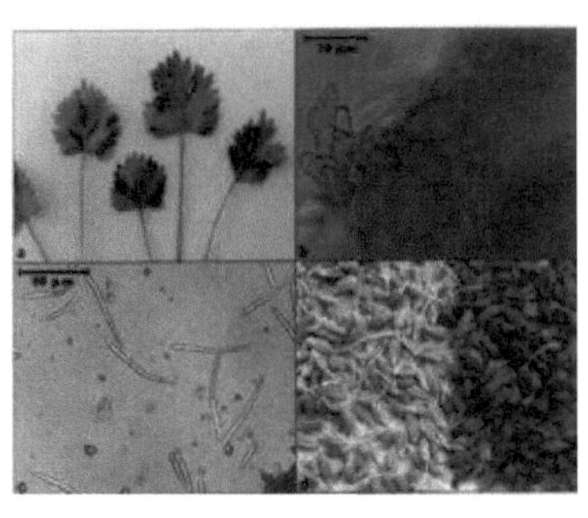

Oídio da *Rosa* sp. causado por *Podospaera pannosa* (anteriormente *Sphaerotheca pannosa*). (Fonte: https://pnwhandbooks.org/plantdisease/ host-disease/rose-rosa-spp-hybrids-powdery- mildew)

Oídio de *Solanum nigrum* causado por *Leveillula taurica* (Fonte: https://www.researchgate.net/figure/Po wdery-mildew-of-Solanum-nigrum-

| caused-by-Leveillula-taurica_fig1_257829019) | |

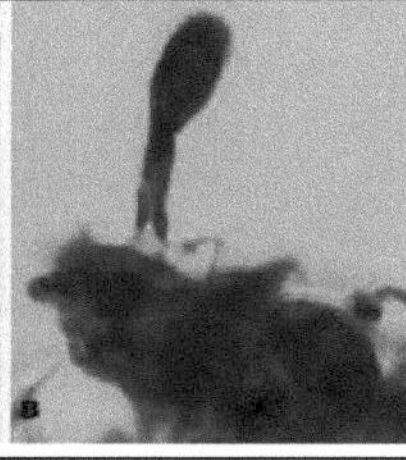

Sintomas de oídio em *Ocimum sanctum* (A) causados por *Erysiphe biocellata* (B) (Fonte: Sweta & Sundararaj,2022)

Sintomas da podridão vermelha da raiz: (A) Sintomas acima do solo de um arbusto de chá (*Camellia sinensis*) (B) raiz mostrando rizomorfos esbranquiçados na fase inicial, e (C) rizomorfos avermelhados nas fases posteriores (Fonte: https://www.researchgate.net/figure/ Symptoms-of-red-root-rot-A-Aboveground-symptoms-of-a-tea-bush-B-root-showing-whitish_fig6_350160136)

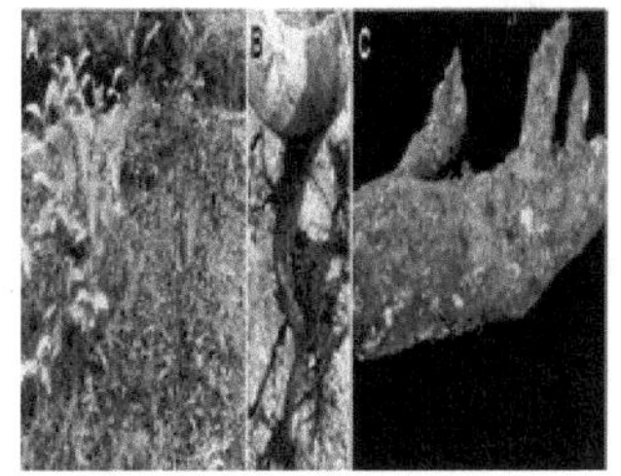

Doença da podridão do rizoma de *Zingiber officinale* causada por *Pythium aphanidermatum* (Fonte: https://images.app.goo.gl/MdkhyaGjNk aSootL7)

Podridão radicular e podridão dos tubérculos de *Gloriosa superba* causada por *Macrophomina phaseolina* (Fonte: Portal TNAU Agritech. Proteção das culturas. *Gloriosa superba*, 2015)

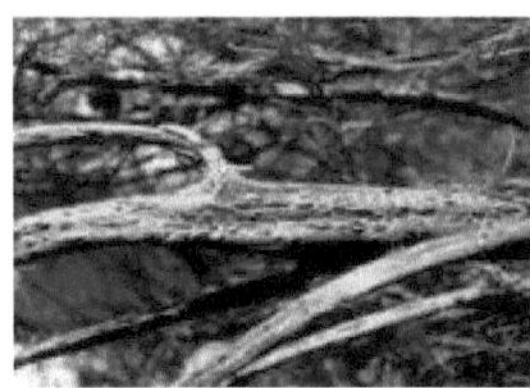

Doença da ferrugem dos *espargos* (*Asparagus* sp.) causada por *Puccinia asparagi* (Fonte: https://plantvillage.psu.edu/topics/asparagus/infos)

Doença da ferrugem do ***Coffea arabica*** causada por ***Hemieia vastatrix*** (Fonte: https://www.britannica.com/science/coffee-rust)

Doença da ferrugem do *Pelargonium* spp. causada por *Puccinia pelargonii-zonalis* (Fonte: https://www.rhs.org.uk/disease/pelargonium-rust)

Sintomas de ferrugem do capim-limão (*Cymbopogon citratus*). (Fonte: https://plantvillage.psu.edu/topics/lemo n-grass/infos)

Sintomas de morte de galhos de *Camellia sinensis* (A) e (B). (Fonte: https://www.researchgate.net/figur e/A-and-B-Symptoms-of-twig-dieback-of-tea-plants_fig9_350160136)

Sintomas de murchidão em *Morinda citrifolia* (A) causados por *Fusarium oxysporum* (B) (Fonte: Sweta & Sundararaj,2022)

Sintomas de murchidão em *Tabernaemontana divaricata* (A) causados por *Fusarium oxysporum* (B) (Fonte: Sweta & Sundararaj,2022)

| Murchidão e clorose da *Morinda citrifolia* causadas por *Sclerotium rolfsii* (Fonte: https://www.ctahr.hawaii.edu/noni/gallery) |  |

|  | Murchidão devida a *Verticillium dahliae* em *Pelargonium* spp. (Fonte: https://pnwhandbooks.org/plantdisease/host-disease/geranium-pelargonium-spp-verticillium-wilt) |

DOENÇA BACTERIANA:

| Bacteriose da folha de *Acorus calamus* (Fonte: Autor sénior) |  |

|  | Podridão mole bacteriana do *Aloé vera* causada por *Pectobacterium chrysanthemi* (Fonte: https://www.semanticscholar.org/paper/First-Report-of-Bacterial-Soft-Rot-of-Aloe-vera-)-Pervez-Alam/b77663285dc5124356f74e30fe818c4067429f96) |

Mancha bacteriana da folha de *Hibiscus rosa-sinensis* causada por *Pseudomonas cichorii* (Fonte: https://www.flickr.com/photos/scotnelson/388 49847120)

Doença de Dieback do **Hibiscus rosa-sinensis** (Fonte: https://plantcaretoday.com/hibiscu s-dieback-disease.html)

Mancha foliar causada por *Xanthomonas campestris* em *Tinospora cordifolia* (Fonte: https://www.researchgate.net/figure/ Leaf-spot-caused-by-Xanthomonas-campestris-in-Tinospora-cordifolia_fig1_259622649)

Doenças causadas por fitoplasmas:

Candidatus Phytoplasma trifolii (grupo 16SrVI) infectando *Sauropus androgynus*. (Fonte: Taylor *et al.*, 2011)

Doença do tronco plano causada por fitoplasma em *Tinospora cordifolia* (Fonte: https://www.researchgate.net/figure/Flat-stem-disease-caused-by-phytoplasma-in-Tinospora-cordifolia_fig1_290379489).

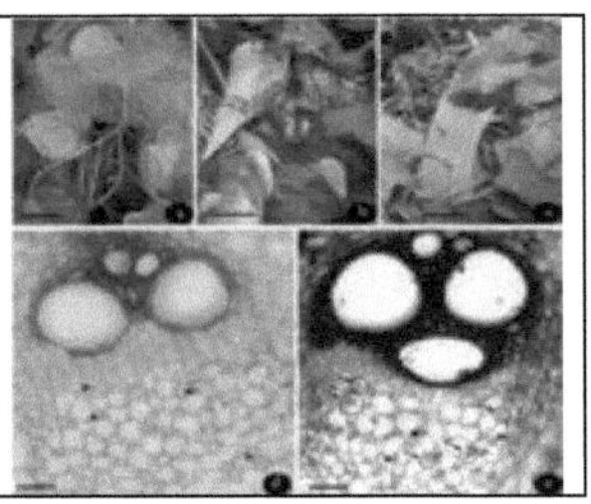

DOENÇA VIRAL:

O vírus da mancha da beladona causa manchas ligeiras e, por vezes, deformações em *Atropa belladonna* (Fonte: https://www.dpvweb.net/dpv/showdpv/?dpvno=52)

Vírus da datura colombiana em *Datura metel* (Fonte: Autor sénior)

Eclipta yellow vein virus: (A) Plantas saudáveis de *Andrographis paniculate* (B) Plantas sintomáticas de *Andrographis paniculata* infectadas pelo Eclipta yellow vein virus mostrando clareamento e amarelecimento das veias (Fonte: https://www.sciencedirect.com/topics/immunology-and-microbiology/andrographis)

DOENÇA ALGAL:

Doença da mancha foliar de *Morinda citrifolia* causada por *Cephaleuros minimus* (Fonte: https://www.ctahr.hawaii.edu/noni/gallery)

More Books!

yes

I want morebooks!

Buy your books fast and straightforward online - at one of world's fastest growing online book stores! Environmentally sound due to Print-on-Demand technologies.

Buy your books online at
www.morebooks.shop

Compre os seus livros mais rápido e diretamente na internet, em uma das livrarias on-line com o maior crescimento no mundo! Produção que protege o meio ambiente através das tecnologias de impressão sob demanda.

Compre os seus livros on-line em
www.morebooks.shop

info@omniscriptum.com
www.omniscriptum.com

OMNIScriptum

MIX
Papier aus verantwortungsvollen Quellen
Paper from responsible sources
FSC® C105338
FSC
www.fsc.org

Printed by Books on Demand GmbH, Norderstedt / Germany